Magic Shadows

L'histoire de l'origine du cinéma

Martin Quigley

Writat

Cette édition parue en 2023

ISBN : **9789358810691**

Publié par
Writat
email : info@writat.com

Contenu

AVANT-PROPOS ....- 1 -

INTRODUCTION ....- 3 -

CELA A COMMENCÉ PAR « A » ....- 7 -

II LA MAGIE DU FRÈRE BACON ....- 18 -

III L'APPAREIL PHOTO DE DA VINCI ....- 23 -

IV PORTA, PREMIER SHOWMAN D'ÉCRAN ....- 30 -

V KEPLER ET LES ÉTOILES ....- 37 -

VI LE 100ème ART DE KIRCHER ....- 41 -

VII VULGARISATION DU PROJECTEUR DE KIRCHER - 56 -

VIII MUSSCHENBROEK ET MOTION ....- 66 -

IX PHANTASMAGORIE ....- 71 -

XDR . JOUET DE PARIS ....- 76 -

XI PLATEAU CRÉE DES FILM ....- 81 -

XII LE PROJECTEUR DU BARON ....- 96 -

XIII LES LANGENHEIMS DE PHILADELPHIE ....- 104 -

XIV MAREY ET LE MOUVEMENT ....- 114 -

XV PEEP-SHOW D'EDISON ....- 129 -

XVI PREMIERS PAS ....- 138 -

XVII PREMIÈRES MONDIALES ....- 148 -

Annexe I OMBRES MAGIQUES *Une chronologie descriptive* ....- 162 -

Annexe II BIBLIOGRAPHIE *et Remerciements* ....- 178 -

AVANT-PROPOS

INTERROGEZ PRESQUE n'importe qui sur les origines du film et vous obtiendrez une réponse simple et automatique. Il inclura une référence rapide et indéfinie à Edison et Eastman et passera, avec une nostalgie plus ou moins authentique, à Mack Sennett, Fatty Arbuckle, D. W. Griffith et peut-être quelques autres. Avec un peu de chance, un ou deux titres – The Great Train Robbery, par exemple – pourraient s'introduire.

Le fait est que la plupart d'entre nous n'en savent tout simplement pas grand-chose.

Il est donc bon de jeter un long regard sur les personnages, les événements et les découvertes – accidentelles ou autres – qui se sont combinés, au cours de plusieurs siècles, pour produire le film tel que nous le connaissons aujourd'hui.

Ce livre nous donne le regard long, la perspective authentique. Cela peut avoir tendance à ralentir notre désinvolture, à revêtir notre imagination de faits et à dégonfler toute idée selon laquelle les films appartiennent exclusivement à notre propre 20e siècle très médiatisé.

Cela donne à réfléchir, mais c'est nécessaire. Car, à moins de nous préparer avec une certaine connaissance de ce qui s'est passé auparavant, nous ne pouvons pas être adéquatement préparés pour ce qui nous attend. L'industrie, telle que nous l'avons connue par le passé, connaît de grands changements. Il est difficile de prédire exactement quelle forme cela prendra à terme. Une chose est sûre cependant : les « Ombres Magiques », sous une forme ou une autre, continueront de divertir et d'instruire des millions de personnes dans tous les pays pendant des générations à venir.

EDWARD P. CURTIS

Rochester,   New   York
, 2 juillet 1960

Ars Magna Lucis et Umbrae, 1671

ATHANASIUS KIRCHER, le premier à projeter des images. Sa lanterne magique est à l'origine de la science de l'art sur écran à Rome vers 1645 .

INTRODUCTION

L'ART des ombres magiques, qui, peu avant l'aube du XXe siècle, a évolué vers le cinéma moderne, est né il y a trois siècles, à Rome. C'est là qu'Athanasius Kircher, un prêtre allemand, montra pour la première fois son invention, la lanterne magique, à ses amis et ennemis, au Collegio Romano, où il était professeur de mathématiques.

La première mondiale du premier véritable spectacle « d'ombre magique » s'est déroulée sans préavis. À cette époque, il n'y avait ni attachés de presse ni publicistes. Il n'y avait pas de journaux. Le peuple ne se souciait pas de ce que faisaient les nobles et les érudits dans leurs moments d'inactivité ; les intellectuels prêtaient peu d'attention au peuple.

L'histoire n'a pas enregistré le jour et le mois au cours desquels Kircher a présenté son projecteur, l'instrument fondamental de tous les spectacles sur écran, d'hier et d'aujourd'hui. L'occasion ne peut être fixée qu'approximativement, vers 1644 ou 1645. L'heure de la représentation était probablement le soir, car les images d'ombre et de lumière devaient être projetées dans l'obscurité, tout comme aujourd'hui les films doivent être projetés dans l'obscurité. théâtres.

Nous pouvons être sûrs que la vingtaine d'invités – Romains et étrangers distingués – ont accepté avec impatience l'occasion de voir ce que Kircher faisait. Rome bouillonnait de rumeurs. Le petit jésuite énergique qui méritait le titre de « Docteur des Cent Arts » avait même été soupçonné de nécromancie et de collusion avec le diable. Après la projection de la lanterne magique et de ses images projetées, certains étaient certains qu'il pratiquait la « magie noire ».

Le public de la première représentation à l'écran était aussi distingué que celui qui a depuis honoré une production hollywoodienne. D'autres professeurs du Collège romain étaient là pour constater par eux-mêmes sur lequel de ses « cent arts » Kircher s'était occupé. Ces hommes comptaient parmi les plus érudits d'Europe et avaient déjà fait de l'Université des Jésuites, fondée en 1582, une influence dans tous les cercles de pensée. Un groupe sélectionné d'étudiants, de jeunes Romains de noble naissance, était sûrement également invité. Jusqu'à l'heure de la manifestation, ils se tenaient dehors, sur la grande Piazza di Collegio Romano, devant l'entrée principale. Trois siècles plus tard, de juin 1944 à la fin de 1945, des députés de l'armée américaine ont parcouru cette même place en jeep et en moto jusqu'à leur quartier général à Rome, juste en face de l'entrée du Collegio Romano .

Juste à l'heure fixée pour le spectacle de Kircher, quelques monseigneurs distingués , vêtus de pourpre flottante, furent conduits à l'entrée dans leurs voitures avec escorte à cheval. Peut-être aussi le silence régnait-il dans le petit groupe rassemblé dans une salle supérieure lorsqu'un prince de l'Église, tel que le cardinal Barberini, qui avait convoqué Kircher à Rome dix ans auparavant, vint le constater par lui-même. Après que tous les monseigneurs et autres visiteurs eurent été accueillis avec une cérémonie et des salutations conformes à leur rang, les bougies et les lampes furent éteintes ; Kircher s'est glissé derrière un rideau ou une cloison où son projecteur était dissimulé et le premier spectacle d'ombre et de lumière a commencé.

Pendant un instant, le public de Kircher ne put rien voir. Puis peu à peu leurs yeux s'habituèrent à l'obscurité et une faible lumière apparut sur une surface blanche dressée devant les quelques rangées de sièges. Alors que les flammes de la lanterne de Kircher commençaient à brûler plus intensément et qu'il ajustait le système de projection rudimentaire, l'image de sa première lame de verre fut projetée sur l'écran.

Les jeunes hommes à la vue perçante furent les premiers à remarquer que la lumière et l'ombre sur l'écran, comme une sorte de produit fantomatique, commençaient à prendre forme pour former une image reconnaissable. Alors les ecclésiastiques plus âgés virent ou crurent voir. Les incrédules murmuraient des éjaculations priantes. L'émerveillement augmentait à mesure que les images successives étaient projetées. Kircher était assez showman pour utiliser des images qui divertiraient et étonneraient. Il incluait des dessins d'animaux, des créations artistiques et, pour narguer ceux qui pensaient qu'il s'adonnait à la nécromancie, des images du diable. La prudence ne faisait pas partie de ses « cent arts ».

Nous pouvons maintenant nous amuser de l'incrédulité du premier auditoire de Kircher. Mais en essayant de se placer dans cette salle du Collège romain, il y a trois siècles, il est facile de se rendre compte des difficultés. Rien de tel que le spectacle de Kircher n'avait jamais été présenté auparavant. Il avait enchaîné la lumière et l'ombre, mais certains spectateurs soupçonnaient qu'il y avait de la magie noire dans tout cela et que Kircher s'était mêlé à la « magie noire ».

Le premier public a félicité Kircher à la fin de la représentation, mais certains sont repartis perplexes, dubitatifs. Des années plus tard, Kircher écrivait dans son autobiographie : « De nouvelles accusations se sont accumulées et mes critiques ont dit que je devrais consacrer toute ma vie au développement des mathématiques. »

*　　　*　　　*　　　*　　　*

Deux siècles et demi plus tard, l'art cinématographique de la projection d'ombres magiques a pris vie dans le cinéma. C'était une première tout à fait différente. Mais Kircher aurait reconnu dans cet appareil une amélioration et un développement de sa lanterne magique. Lui et des centaines de personnes qui l'ont suivi ont essayé de capturer l'animation de la vie dans des images d'ombre et de lumière. Le succès total ne fut possible que plus tard, car les matériaux nécessaires n'étaient disponibles que vers la fin du XIXe siècle.

La scène de la première du film la plus importante s'est déroulée au Koster & Bial's Music Hall, 34th Street, New York, qui se trouvait sur le site aujourd'hui occupé par le grand magasin R. H. Macy. C'était le 23 avril 1896. Mais contrairement à la première de Kircher, même si « La dernière merveille de Thomas A. Edison – le Vitascope » figurait à l'affiche de l'émission, ce n'était pas le seul divertissement au programme. Albert Bial, directeur, a précédé la projection des films par une demi-douzaine d'actes de vaudeville. Il y avait le clown russe, le danseur excentrique, le comédien athlétique et gymnastique, les chanteurs, les acteurs et les actrices. Mais les films ont volé la vedette et, en un peu plus d'une décennie, sont devenus un divertissement incontournable dans des dizaines de milliers de cinémas à travers le monde.

Le public spécial chapeau haut de forme et cravate en soie du Koster & Bial's Music Hall, ce soir de printemps il y a un demi-siècle, a eu droit à une sélection de courts métrages qui n'ont duré que quelques instants chacun : « Sea Waves », « Umbrella Dance », « The Barber Shop", "Burlesque Boxing", "Monroe Doctrine", "A Boxing Bout", "Venise, montrant des gondoles", "Kaiser Wilhelm, passant en revue ses troupes", "Skirt Dance", "Butterfly Dance", "The Bar Room". » et « Cuba Libre ».

Thomas Armat, l'inventeur du projecteur construit par Edison, a supervisé la projection des premiers films cinématographiques projetés à Broadway. On imagine bien que Kircher regardait par-dessus son épaule, ravi que son œuvre commencée 250 ans plus tôt ait été portée au triomphe du cinéma vivant.

Le grand Edison était dans une loge au Music Hall ce soir-là et lui aussi était heureux que le public new-yorkais des premiers soirs ait si bien accueilli les films sur grand écran. Quelques années auparavant, sa caméra Kinetograph et son judas Kinetoscope avaient présenté des films. Mais comme Kircher au 17ème siècle voulait que ses images soient grandeur nature sur l'écran, le public des années 90 aussi.

*   *   *   *   *

Kircher et Edison ne sont pas seuls dans le défilé des pionniers de l'art et de la science du cinéma. La liste des bâtisseurs du cinéma est aussi cosmopolite que son attrait : Grecs, Romains, Perses, Britanniques, Italiens, Allemands, Français, Belges, Autrichiens et enfin, et à certains égards surtout, Américains. Philosophes anciens, moines médiévaux, géants savants de la Renaissance, scientifiques, nécromanciens, inventeurs modernes, tous ont joué un rôle dans les 2 500 ans d'histoire de la création, à partir de l'ombre et de la lumière, de cette expression la plus populaire et la plus influente : le cinéma. .

Des hommes grands et étranges, certains dont la renommée vient de leurs activités dans d'autres domaines, d'autres à peine enregistrés dans l'histoire, ont contribué à ce qui allait devenir le cinéma. De nombreux pionniers de l'art-science de l'ombre magique ont réalisé les potentialités ludiques, éducatives et scientifiques de leurs découvertes ; d'autres ne le faisaient pas, parce qu'ils étaient préoccupés par d'autres affaires et ne jouaient qu'avec les dispositifs d'ombre et de lumière.

Les chapitres suivants racontent comment les hommes ont appris la vision et la lumière, et comment les appareils permettant d'enregistrer et de projeter les réalités vivantes ont été développés.

C'est l'histoire de l'origine du cinéma, d'Adam à Edison.

CELA A COMMENCÉ PAR « A »

Premier spectacle d'ombres magiques – Etudes d'optique antiques – Jeux d'ombres chinois, miroirs japonais et anglais – L'art-science commence avec Aristote et Archimède, les Grecs, et Alhazen, un Arabe.

QUEL QUE SOIT le point de vue, l'histoire de l'origine du film commence par « A ». Le besoin fondamental et instinctif de créer des images dans la réalité vivante remonte à Adam. Aristote a développé les bases théoriques de la science de l'optique. Archimède a fait le premier usage systématique de lentilles et de miroirs. Alhazen, l'Arabe, fut le pionnier de l'étude de l'œil humain, condition préalable au développement de machines capables de reproduire les fonctions requises de l'œil humain.

Les lumières et les ombres ont été créées lorsque la nuit et le jour ont été créés :

Et Dieu dit : Soyez faits de lumière. Et la lumière fut faite.

Et Dieu a vu la lumière que c'était bon ; et il

séparait la lumière des ténèbres.

Et Il appela la lumière Jour et les ténèbres Nuit ;

et il y eut un jour un soir et un matin.

*   *   *   *   *

Et Dieu dit : Qu'il y ait des lumières faites dans le

firmament du ciel....

Et Dieu fit deux grandes lumières : une plus grande lumière pour

gouverner le jour ; et une moindre lumière pour gouverner la nuit ;

et les étoiles.

— *Livre de la Genèse*

La lune jouant sur les eaux silencieuses, le soleil projetant des ombres de plus en plus profondes dans les bois, un feu de camp scintillant, la lumière des étoiles dansant sur les eaux agitées, tout cela a fourni les premiers apparats de lumière et d'ombre. La première éclipse de soleil vue par l'homme fut le spectacle d'ombres et de lumière le plus palpitant et terrifiant de cette époque, une première jamais égalée par les meilleurs d'Hollywood.

Dès le début de l'histoire des aspirations humaines, les hommes ont ressenti le besoin de créer des représentations de la vie. Des efforts ont été faits pour reproduire sous une forme permanente les images reflétées dans l'eau calme, les ombres, les oiseaux, les animaux et les personnes. Ainsi, très tôt, l'homme s'est mis au dessin, une variante de la représentation de la lumière et des ombres. Mais les premiers dessins, ainsi que les tentatives qui ont suivi pendant des siècles, n'ont pas entièrement atteint leur objectif. La vie du monde environnant ne pouvait pas être capturée dans tous ses merveilleux détails, quel que soit le talent de l'artiste. Les critiques des premières images ont souligné que les dessins n'étaient pas naturels car aucune action n'était montrée et la vie elle-même était pleine de mouvement.

Pour le cinéma, l'un des premiers exemples d'images fixes « animées » est la représentation d'un sanglier trottant, pendant environ 10 000, 20 000 ou 30 000 ans, sur une paroi de la grotte de la Font-de-Faune à Altamira, près de Santillana del Mar. dans le nord de l'Espagne. L'artiste a tenté de montrer la course effrénée du sanglier en équipant l'animal de deux jeux de pattes complets. Il était reconnu bien avant Walt Disney que plus d'une image fixe était nécessaire pour représenter un mouvement naturel.

Pendant des siècles, les artistes ont continué à lutter pour « l'illusion » du mouvement sans « images animées ». Selon l'habileté de l'artiste, le résultat s'approchait de l'objectif à des degrés divers. L'action a toujours été, et est toujours, un problème pour l'artiste travaillant avec un médium « immobile ». Le summum du succès dans cette quête fut atteint avec la Victoire ailée de Samothrace, dans laquelle l'artiste fit tout ce qui était en son pouvoir pour montrer le mouvement au milieu d'un marbre froid et sans vie.

Cependant, les progrès potentiels étaient limités tant qu'il fallait s'appuyer sur la main habile de l'artiste pour transmettre le mouvement. Il fallait en apprendre davantage sur la lumière et l'ombre, ainsi que sur les merveilles éternelles de l'œil humain, avant de pouvoir capturer la réalité vivante pour une représentation future.

Les poètes peuvent spéculer sur les premières pensées de l'homme sur la lumière, le soleil, la lune, les étoiles et le feu. Mais l'homme a utilisé ses yeux pendant des siècles avant de s'intéresser et de réfléchir au pourquoi et au comment il pouvait voir, à ce que pouvaient être la lumière et l'ombre et comment les exploiter utilement. Même à notre époque d'illumination apparente, l'explication sous-jacente de la vision et de la lumière échappe toujours à nos scientifiques. Nous devrions donc être patients quant au temps qu'il a fallu à nos ancêtres pour trouver des moyens d'exploiter la lumière et l'ombre afin de préparer la voie éclairée pour les Bing Crosby. et Betty Grables de notre époque.

L'étude de la lumière et de la vision, ainsi que le besoin de meilleures méthodes et instruments pour observer la vie ont conduit à l'invention du premier appareil optique : la loupe. Tous les télescopes, microscopes, lunettes, appareils photo, projecteurs et autres instruments optiques sont issus de la simple lentille ou de la loupe. Ces lentilles représentaient une aubaine particulière pour les hommes et les femmes qui, à cause de leur naissance, de leur âge ou de leur malheur, avaient une mauvaise vue.

Certaines autorités affirment qu'il y a déjà 6000 ans avant JC, les Chaldéens utilisaient des loupes dans les anciennes terres bibliques. On sait que les Chaldéens, qui ont développé une civilisation élaborée, se sont d'abord intéressés à l'étude de la lumière et à tous ses problèmes. Quelques milliers d'années avant l'ère nouvelle, les Babyloniens, également réputés comme jardiniers, devinrent de grands astronomes. Les cieux, hier et aujourd'hui, présentent le plus grand spectacle naturel de lumière et d'ombre, avec un déroulement continu chaque nuit depuis la nuit des temps. Il n'est donc pas surprenant que la première étude de la lumière et de l'ombre concerne les étoiles et les planètes. Les Babyloniens, à l'œil nu, sélectionnaient les constellations et les identifiaient. C'est le désir d'en apprendre davantage sur les étoiles qui a abouti au développement d'un télescope, ce qui constitue une avancée majeure dans la science de la lumière et de l'ombre.

Dans les ruines de Ninive, détruites en 606 av. inscrit uniquement à l'aide d'une loupe.

*   *   *   *   *

Très tôt, un conflit éclata entre ceux qui souhaitaient utiliser les ombres magiques pour divertir et instruire et ceux qui souhaitaient les utiliser à des fins de tromperie.

Les prêtres égyptiens sont les premiers à revendiquer le titre de showmen de la lumière et de l'ombre. Certains fragments de hiéroglyphes indiquent qu'ils utilisaient des dispositifs optiques pour tromper. Il est probable qu'un simple miroir ait été utilisé pour projeter des images dans l'espace. Mais cela aurait étonné le peuple et aurait été considéré comme un signe certain d'un pouvoir miraculeux.

Le plus ancien moyen de divertissement et de tromperie de la lumière et de l'ombre a été développé par un autre grand groupe d'érudits, les premiers scientifiques chinois. Il s'agissait des jeux d'ombres chinois, dont l'origine se perd dans l'Antiquité, remontant peut-être à 5000 avant JC. Des silhouettes représentées sur fond de fumée et animées comme dans un spectacle de marionnettes divertissaient un public il y a des milliers d'années en Extrême-

Orient. Les jeux d'ombres chinois semblent avoir un rapport étroit avec les anciennes astuces au coin du feu consistant à tordre les doigts de manière à former ce qui semble être l'ombre d'une tête d'âne ou une représentation d'un lapin ou d'un autre animal. Malgré l'histoire mouvementée de la Chine, ces jeux d'ombres n'ont jamais été perdus et sont toujours présentés dans des régions reculées de Chine et à Java.

Les dates des contributions chinoises à l'histoire de l'origine du cinéma et des sciences associées sont incertaines. L'empire chinois a été fondé vers 2800 avant JC et, moins de 500 ans plus tard, les cieux avaient été cartographiés par les Chinois. Cent ans après l'établissement d'une monarchie héréditaire en Chine, environ 2 200 avant JC, les pouvoirs en place ont exécuté deux astronomes pour n'avoir pas observé correctement une éclipse de soleil.

Après les jeux d'ombres chinois, il convient de mentionner une autre invention orientale de la lumière et de l'ombre. Celui-ci a été développé par les Japonais. Les appareils sont connus sous le nom de miroirs japonais. Ceux-ci sont réputés dans la légende et l'histoire comme étant dotés de grands pouvoirs magiques. Comme dans les inventions des Égyptiens, ils utilisaient une illusion d'optique pour divertir et aussi pour tromper.

La méthode des miroirs japonais était simple : ils étaient en bronze poli avec un motif en relief sur la surface. Lorsqu'elle était exposée au soleil, la lumière réfléchie tombait sur un mur ou une autre surface lisse, et les spectateurs voyaient le dessin, apparaissant comme par le pouvoir du diable ou d'une divinité propice. Si l'opérateur ne permettait pas au public d'examiner attentivement son miroir, on pourrait certainement lui attribuer des pouvoirs magiques, le pouvoir de donner vie aux animaux et aux hommes, ainsi qu'à tout type de dessin. Pas un diable ou un dieu ; mais en réalité seulement un des premiers showman ! Et fini les miroirs !

Les miroirs anglais, beaucoup plus tardifs, fonctionnaient selon un principe similaire, mais étaient encore plus ingénieux. Ils avaient un plus grand pouvoir « magique ». Les miroirs anglais ressemblaient aux miroirs japonais, mais après un examen attentif, aucun gaufrage n'était découvert à la surface. Même aujourd'hui, il peut être difficile de découvrir le secret.

L'image à projeter a été très soigneusement et légèrement gravée à l'acide sur la surface en laiton des miroirs anglais. Le miroir a ensuite été poli jusqu'à ce que le motif gravé ne puisse plus être détecté à l'œil nu ou au toucher. Mais la rugosité imperceptible décrivant le motif restait sur le miroir et suffisait à enregistrer et à refléter les contours du dessin d'une manière qui semblait magique.

Après de vagues débuts en Babylonie, en Égypte et en Extrême-Orient, l'étude de la lumière et de l'ombre, comme bien d'autres arts et sciences, a commencé de manière approfondie en Grèce.

Aristote, grand philosophe grec, né vers 384 avant JC, a apporté la première contribution importante à l'histoire de la science de l'art de la lumière et de l'ombre pouvant être attribuée à un individu identifiable.

La famille d'Aristote était depuis longtemps associée à la médecine. Son père était médecin de la cour du roi de Macédoine et plusieurs de ses ancêtres occupaient des postes similaires. Par conséquent, dans un sens, il était naturel pour lui de rechercher l'apprentissage. Pendant quelques années, il fut l'élève du philosophe Platon à Athènes. C'était un homme plus pratique que son professeur, privilégiant l'observation expérimentale comme complément à la philosophie.

La vérité et la connaissance universelles étaient les objectifs qu'Aristote s'était fixés. Il croyait aussi qu'il était bon de conserver les bonnes grâces des dirigeants. Quand Alexandre le Grand avait 13 ans, Aristote fut nommé son professeur et exerça dès lors une profonde influence sur l'élève qui, nous dit-on, fondit en larmes parce qu'il n'avait plus de mondes à conquérir. Aristote dirigea plus tard l'école péripatéticienne ou « école de promenade » à Athènes, ainsi nommée parce que les connaissances étaient transmises de professeur à élève alors qu'ils se promenaient dans les bosquets. Aristote a écrit avec autorité sur presque tous les sujets. Le soleil, la lumière et la vision, bien sûr, ont retenu l'attention de ce philosophe dont la parole sur les questions philosophiques et scientifiques a été acceptée par beaucoup sans aucun doute comme loi pendant des siècles. Aujourd'hui encore, de nombreux principes énoncés pour la première fois par Aristote sont encore généralement respectés en philosophie.

Dans le livre d'Aristote intitulé *Problèmes*, il a été décrit le phénomène de la lumière du soleil passant à travers un trou carré et projetant toujours l'image d'un soleil rond (et non carré) sur le mur ou le sol.

Ce fut une découverte étonnante! Cela peut paraître étrange au lecteur, mais il peut facilement s'en convaincre en faisant une petite expérience : découpez un trou carré dans un morceau de papier foncé et laissez l'image du soleil tomber sur un miroir ou une autre surface lisse et vous verrez que le soleil est toujours rond malgré le trou carré. Par mesure de prudence, il faut veiller à éviter la fatigue oculaire lorsque l'on regarde le soleil et ses reflets. Plusieurs des principaux personnages de la préhistoire du cinéma se sont abîmés les yeux en étudiant le soleil pendant trop longtemps à la fois.

L'expérience d'Aristote sur le trou carré et le soleil rond était un début et les scientifiques commençaient à apprendre quelque chose d'important sur la lumière et les phénomènes optiques.

Aristote a également apporté une contribution précieuse à l'étude de la vision. Dans son livre *On Dreams* , il constate l'existence d'images rémanentes, phénomène de persistance de la vision. Cette faculté contribue de manière vitale à l'effet cinématographique. Un exemple courant est qu'un tison tourbillonnant semble former un cercle de feu continu et complet. Une forte lumière ou une image de quelque nature que ce soit sera visible à l'œil pendant un instant après la suppression du stimulus physique.

Aristote s'intéressait également à la couleur et, dans une étude à ce sujet, il remarqua que certaines plantes étaient blanchies par le soleil. C'est la première observation scientifique dans la chaîne qui a finalement conduit, bien qu'indirectement, à la photographie.

Archimède (287-212 avant JC), un demi-siècle après Aristote, développa à Syracuse, alors colonie grecque sur l'île de Sicile, le premier appareil lumineux enregistré, « Les miroirs ou lentilles ardents ». Connu comme le premier grand géomètre, Archimède est surtout connu pour son principe sur lequel repose toute la construction navale : la force de poussée exercée par un liquide est égale au poids du liquide déplacé. En d'autres termes, un objet métallique façonné, tel qu'un bateau, flottera s'il déplace une quantité d'eau suffisante. Le roi Hiéron de Syracuse, parent d'Archimède, lui confia le problème de déterminer si la nouvelle couronne qu'il avait reçue était ou non en or pur, comme ordonné, ou si l'or avait été mélangé à de l'argent. Cela n'aurait pas été une tâche du tout si le roi n'avait pas aimé la couronne et souhaité que les informations soient sécurisées sans les endommager de quelque manière que ce soit. Comme c'était l'usage à cette époque, Archimède réfléchit au problème un après-midi au bain local qui remplissait la double fonction de promouvoir la propreté et de favoriser toutes sortes de discussions. C'était le club de gentlemen du moment et du lieu.

Archimède aimait se baigner avec une baignoire pleine d'eau et cet après-midi-là, il remarqua qu'une quantité considérable d'eau s'était répandue sur les parois de la baignoire lorsqu'il entrait. Il conclut immédiatement et à juste titre qu'il y avait une relation entre la masse de son corps et corps et le poids de l'eau déplacée. Puis, selon la tradition , il se précipita chez lui, à travers les rues de Syracuse, nu, pour tester la couronne du roi, en criant « Eurêka, je l'ai trouvée ».

Ce Grec talentueux était parfaitement conscient de ses prouesses scientifiques et n'était pas homme à garder ses idées secrètes. Il promettait de soulever le monde avec un levier (dont il avait développé scientifiquement le principe) à condition que quelqu'un lui fournisse un point d'appui. Il n'y avait pas de preneurs.

Alors qu'Archimède avait 73 ans et était respecté dans tout le monde civilisé pour ses travaux en mathématiques et en sciences, l'envahisseur romain Marcellus assiégea Syracuse. Au début des deux longues années de lutte, Archimède abandonna son travail théorique et, avec la vigueur de sa jeunesse, contribua à la défense de la ville, inventant à cet effet de nombreux engins de guerre. En cela, il fut le véritable pionnier des scientifiques de notre époque qui perfectionnèrent en temps de guerre la bombe atomique, le radar et d'autres dispositifs.

Le développement le plus important d'Archimède dans ses activités martiales fut les Grandes Lunettes ou Lentilles Brûlantes sur lesquelles repose depuis une grande partie de sa renommée. Selon la tradition, les grands verres brûlants d'Archimède étaient utilisés pour brûler les flottes de Marcellus, agissant selon le même principe utilisé par le boy-scout ou le bûcheron moderne pour allumer un feu avec une loupe de poche.

L'efficacité des lentilles d'Archimède à des fins de combustion est discutée depuis des siècles. Ce qui est sûr, c'est qu'ils n'y parvinrent pas puisque Marcellus pilla la ville en 212 av. J.-C., après la prise des murs. Archimède a été tué mais après sa mort, il a été honoré même par l'envahisseur Marcellus, qui a ordonné qu'un monument soit érigé sur sa tombe.

Une explication est que les lunettes brûlantes d'Archimède ont été utilisées dans ce que l'on appellerait aujourd'hui la guerre psychologique. Archimède savait construire des lunettes, des systèmes qui allumaient de petits incendies à courte distance ; l'ennemi le savait. Alors quelle meilleure ruse y aurait-il que de construire un gigantesque Burning Glass au sommet du plus haut bâtiment de Syracuse, clairement à la vue de la flotte ennemie et de laisser couler le rapport des services de renseignement selon lequel tel ou tel jour Archimède allait brûler tout le bâtiment. flotte et lever le siège ? On peut imaginer quel effet cela a eu sur les marins et les officiers de la flotte, y compris Marcellus lui-même. La stratégie d'Archimède aurait pu prolonger la défense pendant une grande partie des deux années de résistance de la ville. Le principal problème, bien sûr, et les soupçons dans l'esprit de l'ennemi, étaient les suivants : Archimède pourrait-il réellement brûler la flotte avec ses mystérieux miroirs et lentilles ? (Illustration en regard de <u>la page 32.</u>)

La possibilité d'une utilisation réelle des Lunettes Brûlantes pour allumer des incendies sur les navires d'un envahisseur n'a pas été entièrement écartée par Athanasius Kircher qui a effectué un voyage spécial à Syracuse en 1636 pour étudier le problème sur place. Il a écrit dans le même livre dans lequel la lanterne magique est décrite qu'il avait construit un verre ou une lentille allumée qui déclenchait un incendie à une distance de 12 pieds et qu'un de ses amis, Manfred Septal, le 15 février 1645, peu avant Le livre de Kircher était terminé, il avait allumé un incendie à 15 pas.

Kircher ne croyait pas que des verres allumés pouvaient être utilisés pour allumer un feu à une grande distance, comme le prétendaient certains scientifiques et expérimentateurs. Il a déclaré que l'histoire de Cardano brûlant à 1 000 pas était ridicule, tout comme les affirmations exagérées de Porta. Mais Kircher a souligné qu'il y avait peut-être quelque chose de vrai dans l'histoire originale d'Archimède car, selon lui, les navires de la force attaquante seraient ancrés juste à côté des murs de la ville, peut-être à seulement 25 à 50 pieds. Cela a été fait pour que toute la force de l'armement de la flotte de l'époque puisse être lancée contre les défenseurs sur les murs et que pourtant les hommes des navires soient hors de portée des rencontres au corps à corps avec les Syracusains.

Kircher a estimé qu'un grand verre ardent pourrait déclencher un incendie dans un navire juste sous les murs de la ville si le verre était monté au sommet d'un bâtiment voisin. Il est probable qu'Archimède aurait tout au plus pu allumer un petit incendie sur la voile de l'un des navires ennemis.

Les lunettes brûlantes d'Archimède sont les seuls véritables instruments d'optique anciens dont nous disposons d'informations contemporaines ou presque contemporaines. Ces premiers verres remplis d'eau furent les premiers objectifs de projection. Les Lunettes brûlantes d'Archimède ont joué un rôle important dans les développements qui ont conduit au cinéma moderne car, sans lentilles de projection, les films ne seraient rien d'autre que des peep-shows, visibles par une personne à la fois. Sans objectifs, nos appareils photo seraient des instruments très rudimentaires. Dans le vrai sens du terme, le miroir focalisé ou le verre brûlant l'objectif est la base de tout type d'appareil photo et de tout travail de projection.

Aristote, Archimède et d'autres scientifiques grecs, dont Euclide, qui est considéré comme le premier à démontrer que la lumière se déplace en lignes droites, ont ouvert le livre de la connaissance de l'art de la lumière et de l'ombre.

Ptolémée, qui prospéra à Alexandrie vers 130 après JC, fut le plus grand scientifique de son époque et son influence fut puissante pendant quinze siècles. C'est lui qui a développé la théorie ptolémaïque selon laquelle la terre était le centre de l'univers, avec le soleil et d'autres corps tournant autour d'elle. Cette théorie tendait très naturellement à accroître l'idée que l'homme se fait de sa propre importance. Ptolémée était géographe et mathématicien ainsi qu'astronome. Son grand ouvrage était appelé *Almageste* par les Arabes. Ptolémée discuta de la persistance de la vision, des lois de la réflexion et fit des études sur la réfraction.

Les outils médiocres alors disponibles et la compréhension imprécise de certains principes de base ont empêché dans l'Antiquité la découverte de dispositifs capables de capturer l'illusion du mouvement. L'histoire a également joué son rôle.

Après l'impulsion donnée à toutes les connaissances par les Grecs, les arts et les sciences n'ont suscité pendant longtemps que peu d'intérêt. Puis, au IXe siècle, l'érudition de la Grèce fut avancée par les Arabes, dont l'Europe commença à la recevoir au XIIe siècle. Au début du Moyen Âge, le véritable « Âge des Ténèbres », lorsque les hordes barbares envahissaient une grande partie de l'Europe, le siège du savoir se trouvait au Proche-Orient, en Arabie et en Perse.

Aujourd'hui, il peut être difficile pour certains d'attribuer un grand progrès intellectuel à un peuple souvent associé dans l'esprit commun à la vie dans le désert et aux rudiments du transport des chameaux. Mais vers 850 après JC, les tribunaux les plus élaborés du monde et les plus érudits se trouvaient au Proche-Orient. Le dernier des anciens pionniers des ombres magiques, le quatrième « A », était Alhazen, l'Arabe.

Alhazen (Abu Ali Alhasan Ibn Alhasan, Ibnu-l- Haitam ou Ibn Al- Haitan) était le plus grand scientifique arabe dans le domaine de l'optique et de la vision. Né en 965 à Bassorah, centre arabe de commerce et d'apprentissage, près du golfe Persique, Alhazen se consacre dès son plus jeune âge à une science de nature pratique plutôt que théorique. C'était ce qu'on appellerait un ingénieur civil de nos jours.

À l'invitation du roi d'Egypte, Alhazen entreprend la gigantesque tâche de régulariser le Nil. C'était en effet un homme courageux. Même à cette époque, les crues de ce grand fleuve constituaient une menace sérieuse pour les vies et les biens, et un contrôle a été tenté. Mais ce n'est qu'à l'époque moderne qu'une régulation réussie des eaux de crue du Nil fut réalisée , et cela releva de la compétence de l'ingénierie britannique ; il ne faut donc pas blâmer Alhazen pour son échec.

Alhazen se rendit en Egypte et fit des calculs préliminaires. Il voyait que la tâche était impossible avec les outils, les hommes et les connaissances disponibles, mais admettre son échec à cette époque signifiait généralement perdre une vie – la sienne. Les dirigeants absolus n'aimaient pas que les accords soient rompus. Alhazen a feint la folie et s'est échappé. En faisant semblant de perdre la tête, il lui a sauvé la vie.

Malgré son échec avec le Nil, Alhazen est considéré comme le premier grand découvreur de l'optique après l'époque de Ptolémée. Les Arabes étaient des disciples enthousiastes d'Aristote et connaissaient également les travaux d'Archimède, de Ptolémée et d'autres érudits grecs.

Le grand ouvrage d'Alhazen, *Opticae Thesaurus Alhazeni Arabis* , fut imprimé pour la première fois en 1572, mais des copies manuscrites du *De Aspectibus* ou *Perspectiva* et du *De Crepusculis & Nubium Ascensionibus* avaient trouvé leur chemin vers la fin du XIIe siècle dans toutes les grandes bibliothèques du Moyen Âge et son Son influence sur tous les travaux ultérieurs en optique fut grande et répandue. Le livre est très curieux, couvrant une multitude de sujets. Alhazen étudia les images, les différentes sortes d'ombres et tenta même de calculer la taille de la Terre. On lui attribue le mérite d'avoir été le premier à expliquer avec succès l'augmentation apparente des corps célestes près de l'horizon – le phénomène familier du grand soleil au coucher du soleil et de l'immense lune des récoltes lorsqu'elle se lève à l'Est. La lumière a également été largement étudiée par Alhazen et il a traité de son utilisation, établissant de nombreuses règles sur la réflexion et la réfraction. Il a reconnu l'élément de temps nécessaire pour accomplir l'acte de vision ; en d'autres termes, la persistance de la vision ou le décalage temporel. Il a donné une description du pouvoir grossissant de la lentille car il connaissait diverses lentilles et miroirs.

Mais ce qui est peut-être le plus important, c'est qu'Alhazen fut le premier à noter en détail le fonctionnement de l'œil humain. Alhazen a expliqué que nous ne voyons qu'une seule image même si nous avons deux yeux, les deux fonctionnant en même temps. Il est également l'une des autorités qui ont permis aux savants ultérieurs de savoir que les Grecs et les Phéniciens connaissaient et comprenaient les phénomènes optiques les plus simples.

Ce serait trop attendre que d'espérer que l'œuvre d'Alhazen soit dénuée d'erreurs. A son époque et pendant des siècles plus tard, faute d'instruments adaptés et de connaissance de ce que l'on cherchait, on comptait plus sur l'imagination qu'elle n'aurait dû l'être dans une science exacte.

Au début, une grande partie des progrès en matière d'apprentissage devait être réfléchie puis vérifiée, si possible, par des expériences. Maintenant, nous inverseons le processus. Nos scientifiques expérimentent d'abord en observant des phénomènes dans toutes sortes de conditions, puis tentent de raisonner pour parvenir à une explication satisfaisante qui, même avec tout notre savoir, ne peut pas toujours être trouvée. En fait, l'explication sous-jacente de bon nombre des choses les plus courantes de la vie nous échappe. Par exemple, nous n'en savons pas beaucoup plus que les anciens sur les constituants ultimes de la matière, sur la nature de la lumière ou sur le fonctionnement réel de nos sens.

Alhazen a réalisé lui-même un travail précieux, mais il a été bien plus important en tant qu'inspiration pour les études en optique du plus grand scientifique du Moyen Âge, du premier scientifique expérimental et de l'un des plus grands Anglais de tous les temps, Roger Bacon.

II
LA MAGIE DU FRÈRE BACON

Roger Bacon, moine anglais du XIIIe siècle, étudie les anciens — et les Grecs — et inaugure l'étude scientifique des ombres magiques et des dispositifs permettant de les créer.

ROGER BACON a apporté une grande contribution à la connaissance humaine, notamment en matière scientifique. Pourtant, ce grand philosophe et scientifique était généralement considéré comme « Frère Bacon », un moine fou qui jouait avec la magie et s'occupait des pouvoirs des ténèbres. Ce mythe persista même si les contemporains de Bacon lui avaient conféré le titre de « Docteur Mirabilis ». Les études réalisées au XIXe siècle et dans la première partie de ce siècle tendent à le confirmer à la place qui lui revient dans l'histoire.

Roger Bacon est né à Ilchester dans le Somersetshire, en Angleterre, vers 1214, l'année précédant la signature de la Magna Charta. À cette époque, une éducation sérieuse commençait tôt. Quand Bacon avait 12 ou 13 ans , il fut envoyé à Oxford. Plus tard , il poursuit ses études à Paris. Dans sa jeunesse, la famille de Bacon lui donna les sommes considérables dont il avait besoin pour son éducation.

Après avoir terminé ses études, Bacon fut professeur à Oxford puis entra dans l'Ordre franciscain. En tant que moine, il trouva la poursuite du savoir un peu plus difficile, même si les bibliothèques des ordres religieux étaient les meilleures de l'époque et que la plupart des savants étaient des ecclésiastiques. Après avoir fait vœu de pauvreté, Bacon eut du mal à obtenir de certains de ses supérieurs de l'argent pour acheter des plumes et payer des copistes. Certaines autorités ne regardaient pas avec entière satisfaction ses recherches en sciences expérimentales et elles appréciaient encore moins ses commentaires acérés sur d'autres philosophes de l'époque.

Bacon, en tant que membre de l'Ordre franciscain, se trouva confronté à la règle exigeant l'autorisation de ses supérieurs pour publier tout ouvrage. Cependant, le pape Clément IV, un Français, fit lever cette exigence en ce qui concerne Bacon en communiquant personnellement avec lui et en lui demandant de publier ses études. Lorsque ce pape était le cardinal Guy le Gros de Foulques (ou Foulquois), délégué papal en Angleterre, il avait été impressionné par l'érudition de Bacon.

Suivant l'ordre du pape, Bacon se mit au travail. Après quelques difficultés à obtenir de l'argent pour les plumes et les copistes, les trois grandes œuvres, *Opus Majus* , *Minus* et *Tertium* (1267-1268), furent achevées dans un délai presque incroyable de 18 mois. Ceux-ci, ainsi que son petit livre « Concernant

le pouvoir merveilleux de l'art et de la nature et l'inefficacité de la magie » –
également connu sous le nom de « Lettre concernant les œuvres secrètes de
l'art et de la nature » – sont ses écrits les plus connus .

Dès que son premier livre fut terminé, Bacon l'envoya au pape aux soins de
son ami Jean de Paris. Malheureusement, le pape Clément IV est décédé
moins d'un an après avoir reçu le livre de Bacon et aucune mesure papale
officielle n'a été prise concernant ses opinions scientifiques. Bacon a continué
à enseigner, étudier et expérimenter à Oxford où il a occupé pendant un
certain temps le poste de chancelier. Certains disent qu'il a finalement été
emprisonné ; le dossier n'est pas clair.

La partie la plus intéressante de l'œuvre de Bacon, en ce qui concerne la
préhistoire du cinéma, est contenue dans sa lettre « Sur le pouvoir de l'art, de
la nature et de la magie ». C'est dans cet ouvrage que Bacon parle des
nombreux appareils merveilleux qu'il connaît et qui seraient en service dans le
futur. Nous parlons ici de véhicules automoteurs, d'engins sous-marins, de
machines volantes, de poudre à canon (dont l'idée est probablement venue de
l'Est), de lentilles, de microscopes, de télescopes. Bacon affirmait avoir vu
toutes ces choses merveilleuses, à l'exception de la machine volante. Mais
même cela ne l'a pas laissé de marbre, car il nous raconte qu'il a vu des dessins
d'un homme qui a tout mis sur papier !

Dans ce livre de Bacon, il y a aussi la théorie d'aller vers l'ouest jusqu'en Inde
– idée qui a abouti plus tard à la découverte de l'Amérique. L'idée n'était donc
pas originale chez Christophe Colomb. Bacon mérite un grand crédit, car ses
opinions ont au moins eu une influence directe. Ses déclarations furent
utilisées sans crédit par Pierre d'Ailly dans son *Imago Mundi* , publiée en 1480.
On sait que Colomb a consulté cet ouvrage, car il a cité un passage de sa lettre
à Ferdinand et Isabelle lorsqu'il sollicitait un soutien financier pour le voyage.
Et c'est le passage même de Bacon, volé par d'Ailly , que Colomb utilisa pour
enfoncer ses arguments avec le roi et la reine d'Espagne.

Bacon a consacré dix années entières à l'étude de l'optique et certains de ses
meilleurs travaux ont été réalisés dans ce domaine. La principale influence sur
Bacon dans ce domaine fut l'œuvre d'Alhazen, l'Arabe. La concentration des
rayons et le foyer principal, les connaissances nécessaires au bon travail de la
caméra ainsi qu'à une bonne projection d'images, étaient familiers à Bacon.
C'était une avance sur Euclide, Ptolémée et Alhazen. Bacon a reconnu que la
lumière avait une vitesse mesurable. Jusqu'à cette époque, la plupart des
hommes pensaient que la vitesse de la lumière était infinie. (Les mesures n'ont
été effectuées qu'au 19e siècle.) Bacon a également étudié les illusions
d'optique liées au mouvement et au repos, fondamentales pour le cinéma. Il
appartenait à l'école d'étude de la vision qui croyait que l'on voyait grâce à
quelque chose projeté par les objets observés. Ceci est directement opposé à

l'idée de Lucrèce et d'autres qui soutenaient que quelque chose avait été retiré de l'œil pour rendre la vue possible. Il n'y a aucune preuve que Bacon ait réellement inventé un télescope, mais il en connaissait certainement le principe. Il a prévu une combinaison de lentilles qui rapprocherait les choses de loin.

Roger Bacon a souvent été qualifié d'inventeur de la *camera obscura* , ou « chambre noire », qui constitue le cœur du système de prise et d'exposition d'images. (Illustration en regard de <u>la page 40.</u>)

Cependant, l'original de la caméra sténopé moderne, dans sa forme la plus simple, n'est qu'une pièce sombre avec un très petit trou dans un mur et n'a jamais été inventé. Le phénomène d'une image de ce qui se trouvait à l'extérieur apparaissant à l'envers dans une pièce sombre était sûrement une découverte naturelle observée pour la première fois dans un passé lointain. La « chambre noire » peut facilement être considérée comme une caméra-boîte géante avec le spectateur à l'intérieur de la boîte. Une image inversée de la scène extérieure apparaît sur le mur ou le sol avec la lumière passant par une petite ouverture circulaire, comme dans une caméra « sténopé ».

La trace de la première utilisation de la « chambre noire » à des fins de divertissement ou de science a été perdue dans un passé obscur. En 1727 encore, le *Dictionnaire français Universel* a suggéré, en désespoir de cause, que Salomon lui-même avait dû inventer la caméra d'ambiance. Jusqu'au XIIIe siècle, les images de la caméra de la pièce étaient faibles et inversées car aucun système d'objectif n'était utilisé. Dans l'Antiquité et au Moyen Âge, l'appareil photo était une chose merveilleuse et terrifiante. Le théâtre était toujours une petite pièce sombre. Avec un soleil éclatant, le petit trou nécessaire et un mur ou un sol blanc, la scène extérieure serait projetée. Les spectateurs et les étudiants étaient certainement ravis et impressionnés.

Les Romains ont découvert l'appareil photo grâce aux Grecs, qui avaient probablement acquis cette connaissance en Orient, où, sous un soleil brillant, où l'on pouvait obtenir les meilleurs résultats, il est probable que les effets aient été remarqués pour la première fois. On pense que des Arabes érudits comme Alhazen connaissaient l'utilisation de la caméra de salle, mais Alhazen n'en a laissé aucune bonne description dans ses écrits.

C'est à Bacon que revient le mérite de la première description de l'appareil photo utilisé à des fins scientifiques. Deux manuscrits latins, attribués à lui ou à l'un de ses élèves, dans lesquels est décrit l'utilisation de la caméra de salle pour observer une éclipse, ont été retrouvés à la Bibliothèque nationale de France. Il a été souligné que cette méthode permet à l'astronome d'observer l'éclipse sans mettre sa vue en danger en fixant le soleil.

Il est certain que Bacon a utilisé un appareil à lentille miroir pour le divertissement et l'instruction. Dans sa *Perspectiva* apparaît le passage suivant :

Les miroirs peuvent être disposés de telle sorte que, aussi souvent que l'on le souhaite, n'importe quel objet, soit dans la maison, soit dans la rue, puisse apparaître. Celui qui regarde les images formées par les miroirs verra quelque chose de réel, mais lorsqu'il se rendra à l'endroit où semble se trouver l'objet, il ne trouvera rien. Car les miroirs sont si intelligemment disposés par rapport à l'objet que les images semblent être dans l'espace, formées là par l'union des rayons visibles. Et les spectateurs courront vers le lieu des apparitions où ils pensent que les objets se trouvent réellement, mais n'y trouveront rien d'autre qu'une illusion de l'objet.

La description de Bacon n'est pas claire : ce sont les effets et non l'appareil qui sont décrits. Les mots pourraient s'appliquer à une variante du principe de la caméra, mais il semble plus probable que seul un système de miroirs, apparenté au périscope moderne, ait été utilisé. L'appareil ne permettait pas la projection au sens strict. La description de Bacon indique clairement que grâce à l'utilisation de miroirs, les objets pouvaient apparaître là où ils n'étaient pas. En fait, cela nous rappelle l'illusion du cinéma moderne. Il y a des histoires selon lesquelles les autochtones, lorsqu'ils voient des films pour la première fois, tentent de courir vers l'écran et de saluer les images. Ce n'est que par expérience qu'ils apprennent que les personnages ne sont pas réellement vivants à l'écran.

Bacon savait que les instruments d'ombre et de lumière n'étaient pas toujours utilisés à des fins dignes de divertissement ou d'instruction, mais étaient également utilisés pour tromper. Il attaqua vigoureusement les pratiques de nécromancie, démontrant ainsi la justesse de sa position, même si dans les ragots, son nom a été associé à « l'art noir », tout comme celui de Kircher quatre siècles plus tard.

« Car il y a des personnes », écrit Bacon, « qui, par un mouvement rapide de leurs membres ou un changement de leur voix ou par de beaux instruments ou l'obscurité ou la coopération d'autrui, produisent des apparitions et placent ainsi devant les mortels des merveilles qui n'ont pas la vérité . de l'existence réelle. » Bacon a ajouté que le monde était rempli de ces faussaires. Il n'est pas surprenant que les experts en arts noirs aient essayé d'utiliser l'étrange médium de la lumière et de l'ombre pour s'imposer aux ignorants et aux imprudents.

La mort de Roger Bacon en 1294 marque la disparition de l'un des plus grands hommes de l'histoire de l'ombre et de la lumière. Avec lui, l'art et la science avaient atteint un point où des dispositifs de divertissement magiques pouvaient être construits. Frère Bacon a fait bien plus pour préparer la voie à des appareils qui ne devaient pas être perfectionnés pendant des siècles qu'une simple contribution à la connaissance de la lumière, des lentilles et des miroirs. Il a ouvert la voie à tous les scientifiques expérimentaux ultérieurs. Jusqu'à son époque, l'accent avait été mis sur la pensée théorique et spéculative. Bacon a montré que la science doit être basée sur l'expérimentation pratique comme fondement de ses principes.

L'APPAREIL PHOTO DE DA VINCI

L'Italie de la Renaissance domine le développement de l'ombre magique — Léonard de Vinci décrit en détail la chambre obscure *— Les inventions sont d'Alberti, Maurolico , Cesariano et Cardano.*

C'EST AU GÉANT de la Renaissance, Léonard de Vinci, que revient le mérite d'avoir été le premier à déterminer et à enregistrer les principes de la *camera obscura* , ou « chambre noire », instrument de base de toute photographie. Da Vinci a vécu à une époque merveilleuse. Michel-Ange peignait et sculptait ses créations sans précédent. Raphaël était au travail. Les Italiens de la Renaissance ont conduit le monde vers une nouvelle culture. Le flambeau du savoir et de l'art, autrefois tenu haut en Grèce, puis dans la Rome antique, et plus tard par les Arabes, l'était encore dans l'Italie de la fin du Moyen Âge.

Parallèlement à la Renaissance générale en Italie, il y a eu une renaissance de l'intérêt pour l'optique et en particulier pour les démonstrations et les dispositifs d'ombre et de lumière. Cette nouvelle activité faisait suite à un deuxième « âge sombre » de près de deux siècles, depuis l'époque de Roger Bacon jusqu'à Léonard de Vinci. Après cet « âge sombre », la caméra-boîte d'ambiance a été « redécouverte » en Italie. Bien entendu, comme indiqué plus haut, l'appareil photo n'ayant jamais été inventé au sens habituel du terme, il n'a pas non plus été réellement « redécouvert ». Il est probable que Léonard de Vinci et d'autres aient reçu leur impulsion sur ce sujet général de Bacon et peut-être d'Alhazen ou de Witelo .

Le regain d'intérêt pour la beauté des paysages à la Renaissance a suggéré de travailler avec un appareil photo portable, car il s'est avéré être une excellente aide pour peindre et dessiner les beautés de la nature.

Leone Battista Alberti (1404-1472), ecclésiastique et artiste florentin, fut le premier Italien à apporter une contribution notable à l'histoire des ombres magiques. Alberti, comme le grand Da Vinci, avait de nombreux talents. Originaire de Florence, il a grandi dans une atmosphère de culture artistique. Il était prêtre, poète, musicien, peintre et sculpteur, mais surtout architecte. Il a écrit *De Re Aedificatoria* , « De l'architecture ou du bâtiment », publié après sa mort en 1485, et de nombreux autres ouvrages, dont *Della Famiglia* , « La Famille ».

Alberti a achevé les travaux du palais Pitti à Florence, mais son meilleur projet serait l'église Saint-François de Rimini. Il a également conçu la nouvelle façade de l'église Sainte-Maria-Novella à Florence et est considéré comme l'architecte de la cour inachevée du Palazzo Venezia qui, près de 500 ans plus tard, était le bureau du regretté Benito Mussolini. Son tableau, « La Visitazione », se trouve à la Galerie des Offices. En tant qu'ecclésiastique, Alberti fut chanoine de l'Église métropolitaine de Florence en 1447 et fut plus tard abbé du monastère de San Sovino , à Pise.

Mais c'est en tant qu'artiste qu'Alberti apporte sa contribution à l'art et à la science de la lumière et des ombres. Il a inventé la *camera lucida* , une machine qui aidait les artistes et les peintres en réfléchissant des images et des scènes à peindre ou à dessiner. L'appareil, une modification de la « chambre noire », pourrait également être utilisé pour faciliter la copie d'un dessin. Dans un sens, la *camera lucida* était le précurseur du duplicateur de plans moderne. Une fois qu'Alberti avait réalisé ses dessins originaux, un assistant, à l'aide de l'appareil, pouvait les copier rapidement et en remettre des copies aux constructeurs pour qu'ils les utilisent lors des travaux de construction.

Les Vies des peintres, sculpteurs et architectes de Vasari sont la principale source d'informations sur Alberti. Cet écrivain a déclaré qu'Alberti était plus soucieux d'invention que de gloire et qu'il était plus intéressé par l'expérimentation que par la publication de ses résultats. Il s'agit d'une tentative d'expliquer pourquoi les propres mots d'Alberti décrivant sa *camera lucida* ne sont pas conservés.

Alberti aurait écrit sur l'art de la représentation, expliquant ses « projections picturales » que « les spectateurs trouvaient incroyables ». Selon la description de Vasari, il semblerait qu'Alberti ait utilisé une forme de *camera obscura* ou de chambre-camera, mais a introduit des scènes spéciales telles que des peintures de montagnes, de mers et d'étoiles. De cette manière, Alberti cherchait à introduire une touche de mise en scène dans les performances de la caméra de salle qui, jusqu'à cette époque, était principalement utilisée pour l'observation des éclipses et à d'autres fins scientifiques.

Bien qu'Alberti soit mort lorsque Léonard de Vinci était un jeune homme, il est certain que Léonard le connaissait, car ils étaient originaires de la même ville. Peut-être que Da Vinci avait même assisté à certaines des expositions d'ombres magiques d'Alberti.

Léonard de Ser Piero da Vinci est né près de Florence en 1452 et est mort près d'Amboise, en France, en 1519. En 1939, 420 ans après sa mort, une grande exposition des œuvres du maître a eu lieu à Milan et une partie de celle-ci a été présentée au Musée. l'année prochaine au Musée des Sciences et de l'Industrie du Rockefeller Center, à New York. L'exposition de Milan comprenait des travaux dans les domaines suivants : études et dessins en mathématiques, astronomie, géologie, géodésie, cosmographie, cartographie, hydraulique, botanique, anatomie, optique (y compris la preuve du problème d'Alhazen de mesurer l'angle de réflexion de la lumière). , acoustique, mécanique et vol ; sans oublier la sculpture, la peinture, le dessin, le croquis, l'architecture, l'urbanisme et les arts et sciences militaires.

De Vinci est aujourd'hui surtout connu pour ses peintures, comme la célèbre « Cène », appréciée partout, et la « Joconde ». Il était l'un des génies véritablement universels. En effet, il n'y avait pas grand-chose qu'il ne puisse faire.

L'étude de Léonard sur l'optique et la perspective a été rapportée dans son *Traité de peinture*, écrit vers 1515 et publié pour la première fois à Paris en 1651, mais bien connu avant cette époque grâce à des copies manuscrites. Da Vinci a été une grande épreuve pour les étudiants et les historiens, car il écrivait avec sa propre sténographie particulière qui s'est avérée extrêmement difficile à déchiffrer.

De Vinci a expérimenté la *camera obscura* et en a rédigé une description scientifique précise, ouvrant ainsi la voie aux hommes qui devaient faire de la machine un support pratique. Vasari, dans sa célèbre *Vie de Léonard,* souligne qu'il a porté son attention sur les miroirs et qu'il a appris comment ils fonctionnaient et comment les images se formaient. Mais plus important encore, il a étudié l'œil humain et a été le premier à l'expliquer avec précision, en utilisant l'appareil photo comme modèle, et il a ainsi réellement appris les bases de ses principes de fonctionnement. Aujourd'hui encore, l'appareil photo est décrit dans les termes les plus simples comme un œil mécanique et l'œil humain comme un appareil photo merveilleux et naturel. Da Vinci a également noté les effets des impressions visibles sur l'œil.

Roger Bacon était sans aucun doute le maître en optique de Léonard et il s'agit là d'un maillon précis dans la chaîne de la connaissance croissante de la lumière et de l'ombre et des dispositifs susceptibles de créer des illusions pour l'enseignement et le divertissement. Il a été souligné que Léonard et Roger Bacon avaient beaucoup en commun : tous deux étaient si en avance sur leur temps qu'ils n'ont été compris que des siècles plus tard. Et les deux hommes croyaient passionnément à la recherche et à l'investigation scientifiques. A titre d'exemple, Léonard passait des heures, des jours voire des semaines à étudier un muscle d'un animal apparaissant à l'arrière-plan d'un tableau afin de pouvoir le dessiner parfaitement. Comme lien concret avec Bacon, Leonardo a décrit un dispositif de caméra à miroir qui permettait aux personnes à l'intérieur de voir le passant dans la rue à l'extérieur. Le bacon, vous vous en souviendrez peut-être, a obtenu et décrit un effet similaire.

Deux ans après la mort de Léonard de Vinci, deux autres Italiens, Maurolico et Cesariano , ont fait progresser la science de l'art de l'ombre magique en écrivant des discussions scientifiques et expérimentales sur le sujet. Un peu plus tard, un autre Italien, Cardano, apporta une autre contribution.

Francesco Maurolico (Maurolycus), 1494-1575, mathématicien de Messine et grand astronome de son époque, écrivit *De Subtilitate* , vers 1520, dans lequel Pline, Albert le Grand et Léonard de Vinci sont mentionnés. Le matériel comprenait une discussion mathématique plutôt qu'expérimentale sur la lumière, les miroirs et les théâtres de lumière. Ce dernier sujet montre que l'utilisation de la lumière et de l'ombre à des fins théâtrales progressait rapidement. En 1521, Maurolico aurait terminé *Theoremata de lumine et umbra ad perspectivam et radiorum incident facientia* , qui fut publiée en 1611 à Naples et en 1613 à Leyde. Ce livre expliquait comment fabriquer un microscope composé . Les hommes apprenaient désormais à utiliser des objectifs et à en fabriquer de meilleurs, indispensables à une projection satisfaisante des images.

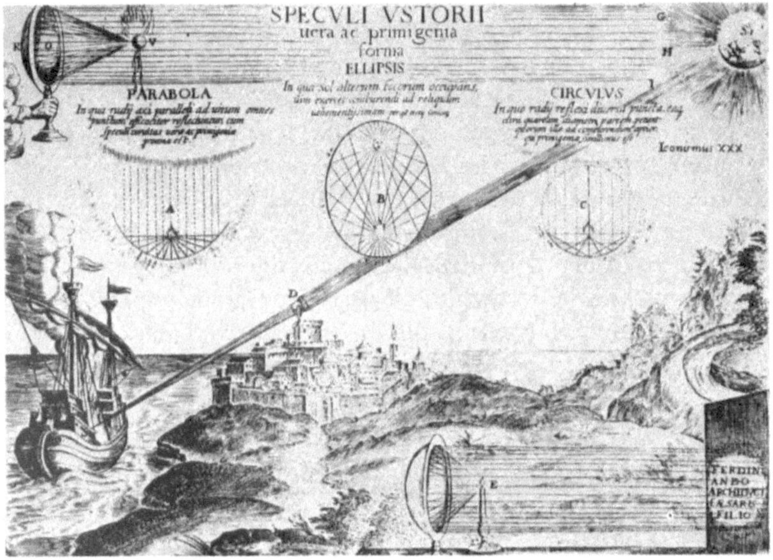

Ars Magna Lucis et Umbrae, 1646

Les LUNETTES BRÛLÉES d'Archimède étaient d'anciens appareils optiques. Ils ont été utilisés pour la défense de Syracuse en 212 avant JC. Un certain type de verre ou d'objectif est requis dans chaque appareil photo ou projecteur.

La proposition 20 du livre était intitulée « L'ombre d'un objet peut être convertie et projetée ». L'auteur a souligné que si un objet entre une lumière et une ouverture est déplacé dans un sens, son ombre semble déplacer l'autre. Il a ensuite expliqué les raisons du trou carré et du soleil rond d'Aristote. Il a également montré avec précision la relation entre les images et les objets, ce qui était fondamental pour comprendre comment focaliser les lentilles et les miroirs.

Autoportrait . Palais Royal, Turin

LEONARDO DA VINCI, célèbre peintre et sculpteur de la Renaissance, a expliqué comment utiliser l'appareil photo et décrit sa relation avec l'œil humain.

Des astronomes ultérieurs attribuent à Maurolico la description de l'application de la méthode de *la camera obscura* à l'observation des éclipses (mais cela a été fait pour la première fois par Bacon ou ses contemporains). Maurolico connaissait les œuvres de Bacon et de John Peckham, un autre moine franciscain anglais du XIIIe siècle, et les étudia attentivement. En 1535, il écrivit *Cosmographia* et, plus tard, étudia les rayons de lumière qui rendent possible le phénomène des images apparaissant dans une *camera obscura* , ou dans n'importe quel appareil photo, sans mentionner l'appareil ou le dispositif ni le décrire. Étant mathématicien, il s'intéressait avant tout à cet aspect du problème et n'était pas un démonstrateur pratique ou un showman.

Cesare Cesariano , architecte, peintre et écrivain sur l'art, a fait référence à un dispositif d'ombre et de lumière qui, curieusement, n'a jamais été expliqué de manière adéquate. Cesariano est né à Milan en 1483 et y est mort le 30 mars 1543. En 1528, il devient architecte de Charles V et en 1533 architecte de la ville de Milan. En 1521, il dessina la belle cathédrale de Côme.

À Côme, Cesariano prépara une traduction et un commentaire de l' *Architectura* de Vitruve, architecte de l'empereur Auguste, dont le classique sur le sujet fut redécouvert au XVe siècle. Le livre de Vitruve comprenait un chapitre sur les « Propriétés acoustiques d'un théâtre » – un bon sujet d'étude encore aujourd'hui. L'édition de Cesariano fut publiée à Côme en 1521 avec une note disant qu'après le départ soudain du traducteur et commentateur de Côme, le travail fut terminé par Bruono . Mariro et Benedetto Giovio . C'était considéré comme une œuvre merveilleuse, d'être rédigée en langue vernaculaire et non en latin. A cette époque, les gens voulaient avoir des livres dans leur langue et non en latin.

En commentant le mot *spectaculum* , traduit par « tube de visée », Cesariano a décrit comment un moine et architecte bénédictin, Don Papnutio ou Panuce , fabriquait un petit tube de visée et l'insérait dans un petit trou prévu à cet effet dans une porte. C'était disposé de telle sorte qu'aucune lumière ne pouvait entrer dans la pièce sauf par le petit tube. Le résultat était que les objets extérieurs étaient vus, avec leurs propres couleurs, dans ce qui était en réalité un système de caméra naturel. Bien sûr, les images étaient à l'envers, comme dans n'importe quel appareil photo, sans disposition spéciale d'objectif, mais Cesariano n'a pas noté ce fait .

Toute cette affaire laisse perplexe. Ce qui est décrit est une caméra de « chambre noire » qui, comme cela a été observé, n'a jamais été inventée ou découverte et était connue depuis des siècles. Ce moine bénédictin et architecte a peut-être apporté quelques raffinements en aménageant soigneusement la petite ouverture pour laisser passer la lumière, mais c'est tout. C'est à peu près à cette époque, ou un peu plus tôt, que les principes de l'appareil photo furent posés par Léonard de Vinci. L'écrivain et d'autres chercheurs n'ont pu découvrir aucune trace de Benedettano Don Papnutio ou Panuce . Il n'a certainement écrit aucun livre, sinon son nom serait connu de l'histoire et il serait possible de trouver plus d'informations sur lui et son œuvre. Il n'y a aucune trace de lui dans la bibliographie bénédictine. Guillaume

Libri, écrivain italien qui a travaillé à Paris au XIXe siècle et qui a d'ailleurs été accusé d'avoir volé les manuscrits de Léonard de Vinci, a déclaré : « Je n'ai pas encore pu savoir qui était Don Panuce, ni quand il a vécu . » Libri a affirmé qu'en tout cas, l'observation de la *chambre noire par Léonard* devait avoir été faite avant que Cesariano ne voie ou n'entende parler de ce moine. Cependant, Cesariano semble détenir le record du premier récit publié sur la façon de créer une *camera obscura réalisable* .

Girolamo ou Hieronimo Cardano (1501-1576) était un médecin et mathématicien italien qui a été décrit par Cajori , l'historien des mathématiques, comme « un singulier mélange de génie, de folie, d'orgueil et de mysticisme ». Il a enseigné la médecine aux universités de Milan, Paris et Bologne. En 1571, après avoir été, selon certains, emprisonné pour dettes l'année précédente, il fut mis à la retraite par le pape et se rendit à Rome pour poursuivre un travail spécial en médecine.

La contribution de Cardano à la préhistoire du cinéma a été apportée dans son *De Subtilitate* , publié à Nuremberg en 1550. Il a montré comment un miroir concave pouvait être utilisé pour produire un spectacle tout à fait merveilleux : « Si vous souhaitez voir ce qui se passe dans la rue , placez un petit verre rond à la fenêtre lorsque le soleil brille et une fois la fenêtre fermée, vous pourrez voir des images sombres sur le mur opposé. Il a ensuite expliqué comment les images pouvaient être doublées, puis quadruplées et comment d'autres apparences étranges des choses et de soi-même pouvaient être conçues avec un miroir concave. Il a remarqué que les images apparaissaient à l'envers. Ceci, bien sûr, est une autre description de la *camera obscura* , avec quelques points supplémentaires à des fins récréatives et pédagogiques. On notera que la description de Cardano ressemble beaucoup à celles de Bacon, Leonardo et Cesariano .

Désormais, l'appareil photo de Léonard de Vinci, l'appareil photo original de « chambre noire » et ancêtre de l'appareil photo moderne à sténopé, était prêt à être utilisé par les forains pour des utilisations réussies. Juste après le milieu du XVIe siècle, un jeune Napolitain était prêt à diffuser la connaissance de l'utilisation sportive de l'appareil dans le monde entier.

IV
PORTA, PREMIER SHOWMAN D'ÉCRAN

Porta, un Napolitain, allie fantaisie et mise en scène pour les divertissements d'ombres magiques au XVIe siècle : Barbara et Benedetti installaient un objectif dans la caméra « sténopé » ou camera obscura.

LE PREMIER CONTACT du nouvel art dramatique, alors en développement en Europe et surtout en Angleterre, avec le médium magique de l'ombre fut établi par un remarquable Napolitain, Giovanni Battista della Porta.

Porta, un jeune prodige qui se serait senti chez lui dans le Hollywood moderne, a utilisé la caméra de salle à des fins théâtrales. D'une certaine manière, Porta était à la fois le dernier des nécromanciens, qui utilisaient des lentilles et des miroirs pour tromper, et le premier scénariste et producteur légitime de jeux d'ombre et de lumière dotés de véritables valeurs de divertissement.

Porta est né à Naples vers 1538. Lui et son frère Vincenzo ont été éduqués par leur oncle Adriano Spatafore, un érudit. L'oncle possédait une richesse considérable, ce qui permettait au jeune Porta de beaucoup voyager et de disposer des meilleurs instructeurs disponibles. Dès son enfance, les principaux intérêts de Porta étaient la scène et la magie.

Dès son plus jeune âge, il commence à écrire pour le théâtre et ses comédies sont classées parmi les meilleures produites en Italie au XVIe siècle. Mais avant même de commencer à écrire professionnellement pour la scène, il avait développé un intérêt pour la magie et tout ce qui s'en rapproche. Cette vocation s'est développée pendant le reste de sa vie.

Porta aimait beaucoup les secrets et les sociétés secrètes, fondant l'Académie des Secrets à Naples. Il était également membre de l'Académie romaine des Lynx, société scientifique fondée en 1603, du nom de sa marque. Même les encres magiques pour l'écriture secrète l'attiraient.

Pendant des années, on a généralement cru que Porta avait inventé la *camera obscura* mais, comme nous l'avons vu, cela était connu bien avant sa naissance. Au moment de la découverte de la photographie, le titre de Porta concernant l'invention de l'appareil photo a été discuté et il a été définitivement établi que même s'il avait apporté quelques améliorations et, bien sûr, conçu des utilisations spéciales, il n'avait rien à voir avec son invention.

Vers l'âge de 15 ans, Porta commença les recherches qui conduisirent à l'écriture de *Magia Naturalis, sive de Miraculis Rerum Naturalium* , « La magie naturelle ou les merveilles des choses naturelles ». Le matériel fut publié cinq ans plus tard, à Naples, en quatre « livres », ou grands chapitres. Au fil des années, il augmenta ses notes sur le sujet et en 1589 l'ouvrage fut imprimé en vingt chapitres.

La Magie Naturelle de Porta était un livre populaire, un best-seller de l'époque. Il a été traduit pour la première fois en anglais et publié à Londres en 1658. Il a également été traduit dans de nombreuses autres langues. *Natural Magic* contient une grande variété de sujets, y compris les développements de la science de l'art de la lumière et de l'ombre. Porta a publié la première explication détaillée de la construction et de l'utilisation de la *camera obscura* dans le quatrième « livre ».

"Un système grâce auquel vous pouvez voir, dans leurs propres couleurs, dans l'obscurité des objets extérieurs éclairés par le soleil", tel était le titre de Porta pour la section. Il a continué:

Si quelqu'un souhaite voir cet effet, toutes les fenêtres doivent être fermées, et il serait utile que les fissures soient scellées afin qu'aucune lumière ne puisse entrer et gâcher le spectacle. Ensuite, dans une fenêtre, faites une petite ouverture en forme de cône avec le soleil à la base et face à la pièce. Blanchissez les murs de la pièce ou recouvrez-les de lin ou de papier blanc. De cette façon, vous verrez toutes choses dehors éclairées par le soleil, comme ceux qui marchent dans les rues, comme si leurs pieds étaient vers le haut, la droite et la gauche des objets seront inversées et toutes choses sembleront interchangées. Et plus l'écran est éloigné de l'ouverture, plus les objets paraîtront proportionnellement grands ; Plus l'écran en papier ou la tablette est rapproché du trou, plus les objets apparaîtront petits.

Porta avait également une explication de la persistance de la vision, telle qu'elle était alors comprise. À titre d'exemple, il a mentionné qu'après avoir marché sous un soleil éclatant, il est difficile de discerner les objets dans l'obscurité, jusqu'à ce que nos yeux s'habituent au changement – et alors nous pouvons voir clairement dans la pénombre. Pour voir les couleurs naturelles, Porta a proposé l'utilisation d'un miroir concave comme écran pour les images de la caméra. Il évoque ensuite les phénomènes résultant du foyer principal du miroir. Il a essayé d'utiliser le parallèle pour montrer comment nous voyons les choses à l' envers plutôt qu'à l'envers. Mais ses connaissances n'étaient pas suffisantes à cet effet, car il estimait que le siège de la vision était au centre de l'œil, en tant que foyer d'un miroir concave ou d'un système de lentilles. D'après les expériences modernes, il n'avait pas raison en cela, mais au moins c'était une théorie plausible.

Comme troisième point dans sa description des utilisations de la caméra naturelle, Porta a déclaré : « Quiconque ne sait pas dessiner peut tracer la forme de n'importe quel objet au moyen d'un stylet. » C'était là *la camera lucida d'Alberti* , ou l'appareil photo adopté à l'usage des peintres et des designers. Porta a demandé à ses lecteurs d'apprendre les couleurs de l'objet et ensuite, lorsqu'il serait projeté sur l'écran, il serait facile de tracer et de peindre avec des couleurs naturelles. Il a souligné un autre fait intéressant et important : une bougie ou une lampe pourrait être utilisée comme source de lumière à la place du soleil.

Porta conclut son récit de 1558 en affirmant que le système pourrait être utilisé pour tromper et faire des tours à l'aide d'autres dispositifs. Ses derniers mots à ce sujet furent déroutants : « Ceux qui ont tenté ces expériences n'ont produit que des bagatelles, et je ne pense pas que cela ait été inventé par quelqu'un d'autre jusqu'à présent. » Plus tôt dans son récit, il a mentionné qu'il révélait maintenant ce qu'il pensait devoir rester secret.

Roger Bacon, Alberti, Léonard de Vinci et d'autres observaient Porta au sens figuré lorsqu'il écrivait ces lignes et faisait ces expériences. Même les mêmes mots sur le fait de voir des gens dans les rues à l'extérieur remontent au moins à Bacon ; et l'utilisation de l'appareil photo pour dessiner chez Alberti et Leonardo. Il n'est pas clair si Porta souhaitait réellement faire croire à ses lecteurs qu'il avait inventé la *camera obscura* qu'il a décrite ou qu'il avait simplement trouvé quelques applications intéressantes. Peut-être voulait-il que toute cette affaire soit considérée comme un secret.

Mais si Porta a emprunté aux anciens sans leur accorder de crédit, il mérite des éloges pour avoir publié des descriptions, à la suite d'essais qu'il a dû faire lui-même. Comme dans toutes les sciences, la préhistoire du cinéma a eu des expérimentateurs et des vulgarisateurs − et il n'est pas rare que les deux fonctions soient séparées par une période considérable.

Les développements revendiqués par Porta dans la deuxième édition de *Natural Magic* publiée en 1589 avaient été décrits auparavant par d'autres. Une fois de plus, il fut un copieur et un vulgarisateur plutôt qu'un inventeur et un découvreur. Et cela semble approprié pour un homme qui était un auteur dramatique de profession et qui s'intéressait aux choses secrètes, en particulier celles liées aux phénomènes naturels.

Au cours des trois décennies précédant 1589, d'importants développements ont eu lieu dans la science de l'optique. Barbaro et Benedetti ont tous deux décrit des systèmes *de camera obscura* équipés de lentilles pour améliorer les images, et E. Danti, éditeur et traducteur, a expliqué en 1573 comment une image verticale, au lieu d'une image à l'envers, pouvait être montrée grâce à l'utilisation d'un objectif. système de miroir.

Monseigneur Daniello Barbaro publie à Venise, en 1568, *La Pratica della Perspettiva* , « La pratique de la perspective », un livre sur l'optique. Il décrit l'instrument conçu par Alberti, la *camera lucida* , et en donne une illustration. Comme dans le cas de Benedetti, le principal titre de mémoire de Barbaro est qu'il a introduit l'objectif de projection dans la caméra naturelle, élargissant ainsi sa portée. Sans objectif, même un appareil photo moderne ne donnerait que des résultats inférieurs et les films ne seraient pas pratiques. On dit également que Barbaro a introduit le diaphragme, qui est très important pour contrôler la lumière dans l'appareil photo.

Giovanni Battista Benedetti, patricien de Venise, 1530-1590, publia à Turin un livre intitulé *Diversarum. Spéculationum Mathematicarum et Physicarum Liber* , « Un livre de diverses spéculations mathématiques et physiques », dans lequel était incluse la première description complète et claire de la *chambre obscure* équipée d'un objectif. La date du volume était 1585, quatre ans avant que Porta ne publie son édition révisée.

Benedetti a utilisé une lentille double convexe. Ses premières connaissances en optique lui vinrent d'une étude d'Archimède, qu'il admirait beaucoup. Mais son apprentissage ne se limite pas à l'optique. Il a influencé le grand Descartes en géostatique , en étudiant les lois de l'inertie et en apportant la contribution de la trajectoire d'un corps sortant d'un cercle tournant, c'est-à-dire la tangente. En 1553, il rapporta que les corps tombaient dans le vide avec la même vitesse.

La description de Benedetti de la *camera obscura* comprenait des détails sur la façon de faire apparaître les images verticales. Le matériel est contenu dans une lettre imprimée à Pierro de Arzonis . Benedetti parle d'abord de la lumière et du fait qu'une lumière plus grande éclipse une plus petite, « tout comme de jour, les étoiles ne peuvent pas être vues ». Il a ensuite souligné que si la lumière était contrôlée dans une caméra, les images extérieures pourraient être vues, mais si les rayons du soleil étaient autorisés à entrer (par exemple en rendant l'ouverture trop grande), alors les images « disparaîtraient plus ou moins ». selon la force ou la faiblesse des rayons solaires.

Benedetti poursuit :

Je ne souhaite garder secret pour vous aucun effet remarquable de ce système... l'ouverture ronde de la taille d'un petit miroir peut être remplie par l'une de ces lunettes qui sont faites pour les personnes âgées (mais pas du genre pour ceux à courte vue), mais dont les deux surfaces sont convexes et non concaves. Placez ensuite une feuille de papier blanche (comme écran), suffisamment en retrait de l'ouverture pour que les objets à l'extérieur puissent y apparaître. Et si en effet ces objets extérieurs sont éclairés par le soleil, ils seront vus si clairement et distinctement que rien ne semblera plus beau ni plus délicieux. La seule objection est que les objets apparaîtront inversés. Mais si nous souhaitons voir ces objets à la verticale, la meilleure solution consiste à interposer un autre miroir plan.

Dans l'édition révisée et augmentée de son *Natural Magic*, Porta a donné une description plus complète des utilisations de l'appareil photo. Une partie du texte était identique aux récits antérieurs ; la pièce était neuve.

Ars Magna Lucis et Umbrae, 1646

CAMERA OBSCURA, la caméra d'ambiance naturelle, a été découverte accidentellement dans l'Antiquité, probablement en Extrême-Orient. Voici une version améliorée de Giovanni Battista della Porta, écrivain, scientifique et showman napolitain du XVIe siècle. Une feuille translucide servait d'écran. Les images étaient à l'envers et indistinctes car aucun objectif n'était utilisé. Les artistes et les artistes ont trouvé l'appareil de valeur.

À ce moment-là, Porta avait appris à améliorer l'ouverture de la fenêtre unique : faites une ouverture de la taille d'une paume en largeur et en largeur et collez dessus une feuille de plomb ou de bronze qui a au milieu une ouverture de la taille d'une paume. doigt." Il a ensuite souligné que les objets extérieurs peuvent être vus de manière plus claire et plus nette si une lentille cristalline est placée dans l'ouverture de l'appareil photo, comme le suggèrent Barbaro et Benedetti. Porta a également mentionné que l'insertion d'un autre miroir dans le système ferait apparaître les images verticales plutôt qu'à l'envers.

Wissenschaftliche Abhandlungen , 1878

JOHANNES KEPLER a développé les principes scientifiques de la caméra et son utilisation en astronomie.

Mais Porta s'est montré un véritable showman par son dernier mot, décrivant comment la chasse, les batailles et autres illusions peuvent apparaître dans une pièce. Ici, des objets artificiels et des scènes peintes ont été remplacés par la nature extérieure comme images de la caméra de la pièce, selon une méthode suggérée à l'origine par Alberti. Porta a déclaré : « Rien ne peut être plus agréable à voir pour les personnes importantes, les dilettants et les connaisseurs. » — Une première audience d'invités !

Porta a recommandé l'utilisation de modèles miniatures d'animaux et de scènes naturelles, les premiers décors de « films » avec des personnages ressemblant à des marionnettes. Il a écrit : « Les personnes présentes dans la salle d'exposition verront les arbres, les animaux, les chasseurs et autres objets sans savoir s'ils sont vrais ou s'ils ne sont que des illusions. » Porta a révélé qu'il avait organisé à plusieurs reprises des spectacles de ce genre pour ses amis et que les illusions de la réalité étaient si bonnes qu'il était difficile de dire au public ravi comment les effets étaient obtenus. Il a également expliqué à quel point le public pouvait être terrifié.

Porta conclut ce récit en décrivant comment utiliser l'appareil photo pour observer une éclipse, ce que Bacon ou l'un de ses contemporains avaient déjà mis au point. Avant que de bons instruments ne soient développés, la caméra de salle était un excellent appareil pour sauver la vue de l'astronome tout en lui donnant une bonne vue d'une éclipse. Le télescope géant de 200 pouces de Palomar en Californie est étroitement lié à l'utilisation originale de la caméra pour les travaux astronomiques.

Il ne semble y avoir aucune preuve que Porta ait développé un appareil photo portable, l'ancêtre direct de l'appareil photo moderne. Il ne semble pas non plus avoir beaucoup de succès avec ses objectifs, car il trouve les miroirs concaves aussi bons, voire meilleurs, qu'une *chambre noire* avec un objectif.

Le sujet général du chapitre qui incluait l'appareil photo était « Ici sont proposés des verres en feu » « et les vues merveilleuses qu'ils peuvent voir ». (Rappelez-vous Archimède et ses Lunettes Enflammées.) Laissez Porta le dire : « Quoi de plus merveilleux que de voir, par des coups de réflexion réciproques , des images apparaissant extérieurement suspendues dans l'air et pourtant ni l'objet visible ni le verre ne soient vus ? afin qu'ils semblent être non pas des répercussions des lunettes, mais des esprits de vains fantasmes.

Dans un livre sur la réfraction, publié en 1593, Porta compare l'œil et la *chambre noire* . Il a également abordé la réfraction, la vision, l'arc-en-ciel, les couleurs prismatiques (tous sujets traités par les premiers expérimentateurs en optique).

Porta a eu une influence grande, quoique mitigée. Même dans son esprit, il ne semblait pas capable de décider si les ombres magiques devaient être utilisées pour tromper le public en tant qu'effets de pouvoirs secrets ou si elles devaient être utilisées à des fins de véritable divertissement et d'instruction.

Après Porta, la « chambre noire » a été développée à l'usage des peintres et des artistes en Angleterre et sur le continent.

V

KEPLER ET LES ÉTOILES

Kepler, astronome allemand, développe les principes scientifiques de la camera obscura *et applique des ombres magiques aux étoiles du ciel. Scheiner et D'Aguilon améliorent les dispositifs d'imagerie .*

JOHANNES KEPLER , le grand astronome, a fait progresser l'art-science des ombres magiques en développant la théorie de la projection d'images ainsi que l'utilisation scientifique de lentilles multiples et de la camera *obscura* ou « chambre noire ». Da Vinci a expliqué comment l'appareil photo pouvait être utilisé ; Porta l'a essayé à des fins de divertissement à une échelle considérable, mais il avait encore besoin de l'attention approfondie d'un scientifique. Ce que Kepler a fourni.

Kepler était un enfant précoce bien qu'il souffrait d'une mauvaise santé. Il n'avait aucun intérêt ni inclination particulière pour l'astronomie jusqu'à ce qu'en 1594, à l'âge de 23 ans, il se retrouve obligé d'enseigner un cours dans cette matière. Bientôt, il devint un expert et, avant sa mort, annonça les lois de Kepler expliquant le système planétaire. En 1600, Kepler devint l'assistant de Tycho Brahe (1546-1601), le plus grand astronome pratique de l'époque, mais qui rejetait la théorie copernicienne selon laquelle la terre et les planètes tournent autour du soleil, théorie fermement prouvée par Kepler. Brahe a perdu le bout de son nez lors d'un duel, il en portait donc un en or, emportant avec lui du ciment avec lequel coller le bout chaque fois qu'il tombait.

Quelques années après être devenu astronome de l'empereur, Kepler publia, en 1604, *Ad Vitellionem Paralipomena* — « Supplément à Witelo » ; Witelo , un Polonais appelé Thuringopolonus , écrivit un traité d'optique vers 1270. Il était contemporain de Roger Bacon. Kepler a utilisé le parallèle de Léonard de Vinci entre l'œil et la caméra ambiante et a établi les principes de cette dernière sur une base scientifique solide.

Kepler a écrit : « Cet art, à ma connaissance, a été transmis pour la première fois par Giovanni Battista Porta et était l'une des principales parties de sa *magie naturelle* . » (Mais, comme le lecteur se souvient, Porta n'a pas été le premier à connaître la *camera obscura* et n'en a pas été l'inventeur mais seulement un vulgarisateur.) "Mais content d'une expérience pratique", a poursuivi Kepler, "Porta n'a pas ajouté de démonstration scientifique. . Pourtant, ce n'est qu'en utilisant cet appareil que les astronomes peuvent étudier l'image de l'éclipse solaire.

Kepler a ensuite décrit la *camera obscura* ou « chambre noire », ajoutant une observation intéressante. Il propose que le spectateur reste à l'écart de la lumière du jour pendant quinze minutes ou une demi-heure avant d'envisager d'utiliser la caméra afin d'habituer ses yeux à l'obscurité et d'observer plus clairement les images. Kepler a alors demandé que les objets à représenter soient placés sous une lumière vive, soit celle du soleil, soit celle des lampes. Il a également noté que les objets étaient inversés et que les images apparaissaient dans les couleurs des objets. Kepler a également expliqué qu'un diaphragme était nécessaire pour contrôler la quantité de lumière admise dans l'appareil photo et que les meilleurs résultats étaient obtenus lorsque le soleil était proche de l'horizon.

Kepler a donné une explication détaillée et plutôt technique du fonctionnement du système de caméra. Vers la fin de la description , il écrit une instruction importante : « Toutes les parois de la caméra, à l'exception de celle utilisée comme écran pour les images, doivent être noires. » Cela était nécessaire pour éviter les reflets et l'ternissement de la brillance des images sur le mur ou l'écran blanc. Tout le monde sait à quel point l'intérieur d'un appareil photo moderne est noir dans le même but. Kepler a également noté que la « caméra » doit être hermétiquement scellée. Il fut le premier à désigner cet appareil sous le simple nom de « caméra », qui fut finalement adopté universellement.

Kepler fut également le premier à donner une théorie solide de la vision. (Rappelez-vous les écoles de tir depuis l'œil ou depuis l'objet des anciens.) Kepler a déclaré : « Voir revient à ressentir le stimulus de la rétine qui est peinte avec les rayons colorés du monde visible. L'image doit ensuite être transmise au cerveau par un courant mental et délivrée au siège de la faculté visuelle. C'est une plutôt bonne définition, même selon les normes modernes. Kepler, cependant, n'avait pas raison à 100 pour cent. Il pensait que la lumière avait une vitesse infinie. C'est à Kepler que revient le mérite d'avoir été le premier à expliquer correctement les images rémanentes, dont la connaissance est si vitale pour comprendre comment est créée l'illusion du mouvement.

Kepler a commencé à utiliser un télescope vers 1609 et grâce à son utilisation, il a pu développer des idées améliorées pour la caméra d'ambiance au moment où il a publié sa *Dioptrice* , "Concernant les lentilles", une base de l'optique moderne, en 1611. Dans cet ouvrage, la base a d'abord été créé pour ce qui allait devenir plus tard la photographie à longue portée ou « au télescope », qui rend possible de nombreux effets importants dans le cinéma moderne.

Le télescope, le système de lentilles le plus perfectionné et l'inverse d'un dispositif de projection, a été inventé en Hollande au début du XVIIe siècle. Galilée, qui avec Kepler a beaucoup contribué à populariser le télescope, a admis en avoir vu un fabriqué par un Hollandais avant de fabriquer le sien.

Le nom « télescope » a été inventé par Damiscien de l'« Académie scientifique italienne des Lynx », à laquelle Porta avait également appartenu. L'invention du télescope est communément attribuée au « fabricant de lunettes de Middleburgh », généralement identifié comme étant Hans Lippershey . Le microscope composé, dont les effets avaient été indiqués par Roger Bacon, a évidemment également été inventé quelques années avant le télescope, par Zachary Janssen, en Hollande. Mais c'est en Italie qu'il a été décrit pour la première fois. Les premiers télescopes suivaient généralement le modèle développé par Galilée, tandis qu'au milieu du XVIIe siècle, la supériorité de la méthode de Kepler était reconnue et des télescopes plus grands et plus puissants étaient possibles. Ces derniers temps, le télescope est revenu à un système réfléchissant à miroir – ou Burning Glass – au lieu du télescope réfringent de style standard.

Un contemporain de Kepler est acclamé pour avoir été le premier à utiliser la *chambre noire* en dehors d'une pièce ; en d'autres termes, sous une forme portable. Ainsi fut le premier appareil photo portable développé plus de deux cents ans avant l'invention de la photographie. L'homme était Scheiner, un autre astronome.

Christopher Scheiner, jésuite allemand, né vers 1575 en Souabe, fit de nombreux travaux en astronomie et perfectionna divers instruments optiques ingénieux. Certains disent qu'il fut le premier à utiliser l'appareil de projection par caméra pour projeter l'image du soleil sur un écran afin d'en étudier les détails. Cela a remplacé un système qui utilisait des verres colorés. Kepler, avant cela, avait suggéré cette méthode, mais il est généralement reconnu que Scheiner en a fait la première application. En 1610, Scheiner inventa son pantographe ou instrument de copie optique. En mars 1611, il observa des taches solaires. Ses supérieurs avaient peur que lui et eux soient exposés au ridicule s'il publiait une telle découverte sous son propre nom – c'était tellement contraire à la croyance scientifique contemporaine ainsi qu'à la croyance scientifique traditionnelle. C'est ainsi que ses découvertes furent publiées en 1612 par un ami, sous un nom d'emprunt.

Scheiner croyait en la nécessité d'une précision dans les expériences afin de constituer une base solide pour le développement futur de la théorie. Il étudiait l'œil et croyait que la rétine était le siège de la vision. En 1616, il avait tellement attiré l'attention des scientifiques que l'archiduc Maximilien l'invita à Innsbruck. Scheiner a enseigné les mathématiques et l'hébreu et a poursuivi ses travaux en optique. Il est l'auteur de *Rosa Ursina* , — 1626-1630, l'ouvrage de référence sur le soleil depuis des générations. En 1623, il était professeur de mathématiques au Collège romain, où Kircher tomba sous son influence personnelle. Les dernières années de la vie de Scheiner se passèrent à Neisse en Silésie, où il mourut en 1650.

Scheiner a été influencé par François d'Aguilon , le premier des jésuites qui ont apporté une contribution importante à ce qui allait devenir le cinéma moderne. D'Aguilon a fait progresser les connaissances en optique dans toute l'Europe.

D'Aguilon est né à Bruxelles en 1566 et après être entré chez les Jésuites en 1586 et avoir fait ses études, il devient professeur de philosophie au célèbre collège de Douai, en France. Plus tard, il fut directeur du Collège d'Anvers. D'Aguilon ne limitait pas ses intérêts à la seule philosophie et aux connaissances spéculatives mais s'intéressait beaucoup à certaines sciences, notamment l'optique. De plus, il était un architecte en exercice et a probablement conçu l'église des Jésuites à Anvers.

Ses travaux sur l'optique, publiés à Anvers en 1613, étaient célèbres. On y retrouve pour la première fois l'expression « projection stéréographique », qui a survécu jusqu'à nos jours. Ceci était connu depuis l'époque d'Hipparque mais n'avait pas reçu de nom permanent jusqu'à ce qu'il soit donné par d'Aguilon , à qui doit revenir une partie du mérite du nom de tous les appareils avec « stéréo » quelque part dans le titre. D'Aguilon a longuement exploré le sujet des images rémanentes. Il a souligné à juste titre que l'image disparaît physiquement lorsque la cause est supprimée (comme un appareil photo ne « voit » plus après la fermeture de l'obturateur) mais qu'il reste quelque chose d'imprimé sur l'organe de la vue, un certain effet sur le sens de la vision.

D'Aguilon était en train de réviser son livre sur l'optique lorsqu'il mourut, en 1617. Une édition fut publiée à Anvers en 1685 sous le titre *Opticorum Libri Sex* . Peut-être était-il à la veille de la grande découverte qui devait être faite dans quelques années par un de ses successeurs. Mais c'est à lui que revient le mérite du nom qui a été attribué pendant des siècles à toutes sortes de jeux d'ombres et qui est encore connu aujourd'hui : Stéréoscopique.

Dans le premier quart du XVIIe siècle, l'appareil photo était largement utilisé pour l'observation du plus grand spectacle d'ombres et de lumière : l'univers avec le soleil, la lune et les étoiles. Des expériences avaient également été faites, par Porta et d'autres, sur les possibilités de divertissement de la « chambre noire ». La scène était prête pour celui qui allait réaliser la projection, telle que nous la connaissons, avec la lanterne magique. Un grand pas serait alors franchi vers la réalisation de l'ambition instinctive de l'homme de capturer et de recréer la vie à des fins de divertissement et d'enseignement.

VI
LE 100ème ART DE KIRCHER

La lanterne magique de Kircher projette des images et l'art de la présentation sur écran est né. Première exposition d'images sur écran à Rome, 1646. Le livre de Kircher, Ars Magna Lucis et Umbrae, *raconte au monde comment* .

DANS LE DEUXIÈME quart du XVIIe siècle, le décor était planté pour la naissance de la lanterne magique, ancêtre de tous les projecteurs cinématographiques. L'acteur principal était un Allemand, compatriote de Kepler et de nombreux autres scientifiques sérieux dans le domaine de la lumière et de l'ombre, mais c'est en Italie, terre natale de nombreux arts et hommes du spectacle, de Léonard de Vinci et de Porta, qu'il a travaillé . L'homme s'appelait Athanasius Kircher.

L'époque à laquelle Kircher travaillait était une période difficile. La guerre de Trente Ans a ravagé l'Europe de 1618 à 1648 et les populations ont souffert plus qu'à aucune autre période jusqu'à la nôtre. L'Europe politique était dans le chaos comme après la Première et la Seconde Guerre mondiale. Ce n'est que dans la littérature et la science que l'on trouve des signes d'espoir et de promesse. Les yeux de nombreux Européens réfléchis se sont détournés de l'Ancien Monde vers les nouvelles terres de l'autre côté de la mer.

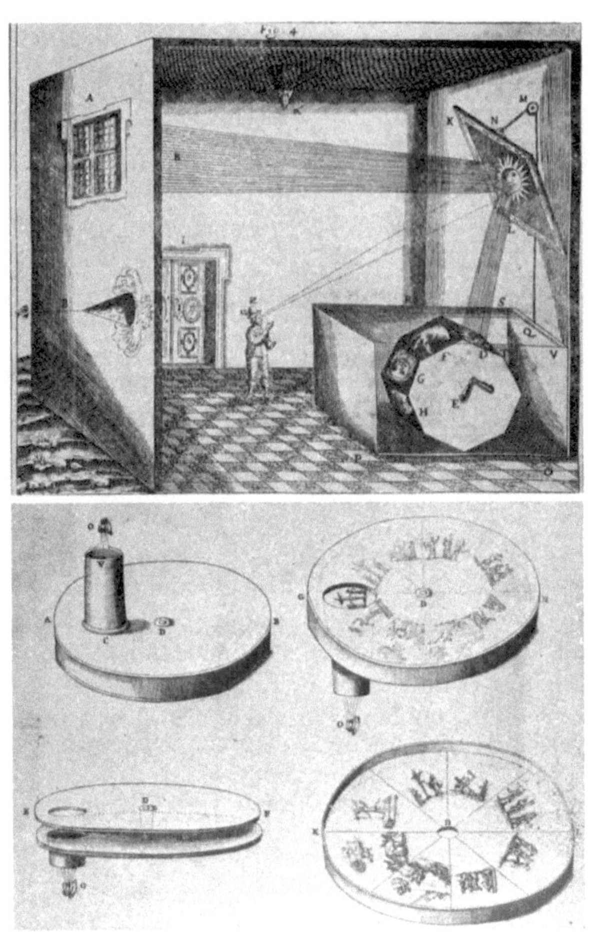

Ars Magna Lucis et Umbrae, 1646-1671

ROUES D'IMAGES inventées par Kircher. Ci-dessus, une roue géante en rotation faisait passer une image à une autre. Ci-dessous, disque de conte .

Kircher est né cinq ans avant la première colonie anglaise permanente dans le Nouveau Monde. Mais qu'il nous raconte dans les mots de son autobiographie latine, dont certaines parties, semble-t-il, sont ici traduites en anglais pour la première fois : « À la troisième heure après minuit, le 2 mai de l'année 1602, j'étais mis dans l'air commun du désastre à Geysa , une ville située à trois heures de voyage de Fulda. (Non loin de l'actuelle Francfort-sur-le-Main, en Allemagne.) «Quand j'avais six jours, j'ai été dédié à Athanase par mes parents, John Kircher et Anna Gansekin , catholiques et serviteurs de Dieu et ouvriers de bonnes actions, parce que je est né ce jour de fête saint.

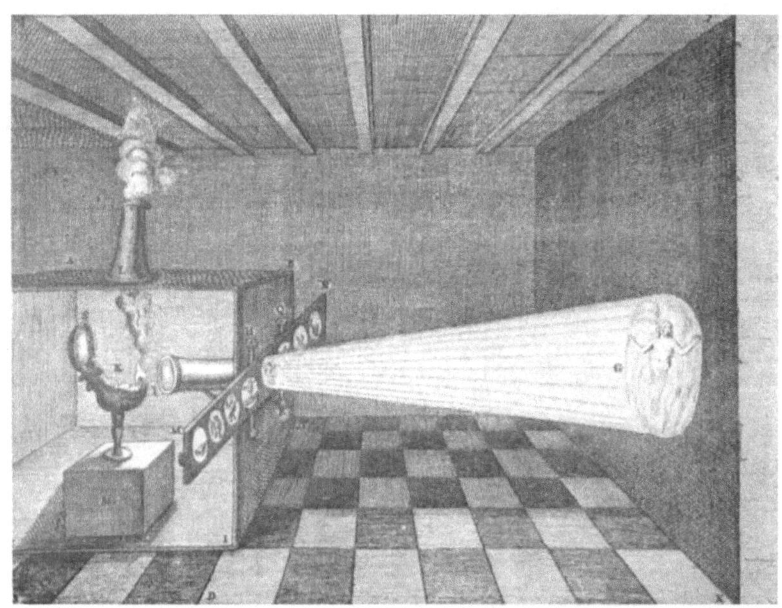

Ars Magna Lucis et Umbrae, 1671

MAGIC LANTERN, le projecteur de Kircher, le stéréoptique original. Les images à l'écran étaient des silhouettes grossières mais le projecteur incluait les éléments essentiels.

Kircher décrit ainsi son père, sa mère et sa famille : « John Kircher était un très grand érudit et docteur en philosophie. Lorsque le rapport sur son savoir et sa sagesse parvint au prince » (probablement Rodolphe), « il fut convoqué et nommé membre du conseil de Fulda. Plus tard, il fut nommé responsable de la forteresse de Haselstein parce qu'il s'était appliqué à détruire les machines à imprimer des hérétiques. Il épousa une jeune fille de Fulda, Anna, fille d'un honnête citoyen nommé Gansekin . Neuf enfants, six garçons et trois filles, leur sont nés. Tous les garçons entrèrent dans l'un des nombreux ordres religieux. De tous ceux-là, j'étais le plus jeune et le plus petit.

Le père de Kircher était un homme influent et érudit, même s'il n'était évidemment pas de naissance noble. Il avait étudié la philosophie et la théologie mais n'était pas religieux, bien qu'il ait enseigné pendant un certain temps dans un monastère bénédictin. Il s'agissait très probablement d'un parent sévère. La mère, semble-t-il, était la fille d'un commerçant ou d'un commerçant et n'était certainement pas instruite comme son mari. Mais elle était sans doute plus libérale et plus compréhensive.

Le parcours d'études de Kircher est intéressant : « Après l'âge de l'enfance, vers la dixième année, j'ai été placé dans les études élémentaires, d'abord en

Musique ; puis j'ai été initié aux éléments de la langue latine. A cette époque, le latin était encore la langue universelle de l'érudition. Il est probable que Kircher parlait beaucoup plus le latin que toute autre langue. Tous ses écrits étaient en latin, même s'il est devenu avec le temps un linguiste talentueux.

Le père de Kircher l'envoya au collège jésuite de Fulda, car il voulait que son plus jeune fils apprenne le grec en plus du latin et devienne avec le temps un érudit universel. Le professeur de Kircher à Fulda était John Altink, SJ. Le cours suivait le célèbre jésuite *Ratio Studiorum* , qui constitue encore aujourd'hui la base des études dans les centaines d'écoles menées par cet ordre à travers le monde. À l'époque comme aujourd'hui, l'accent était mis sur les classiques. Un peu plus tard, son père l'a emmené chez un rabbin « qui m'a appris l'hébreu », comme l'a écrit Kircher, « avec pour résultat que j'ai été compétent dans cette langue pour le reste de ma vie ».

Au même âge qu'un diplômé du secondaire aux États-Unis, Kircher savait lire, écrire et parler le latin, le grec et l'hébreu, en plus de l'allemand, et il avait probablement aussi de bonnes bases en français et en italien.

Dans la vieille ville de Paderborn, le 2 octobre 1618, Kircher entra dans la Compagnie de Jésus, ordre religieux militant fondé par le soldat-ecclésiastique espagnol Ignace de Loyola, en 1540, et déjà une puissante influence dans l'éducation en Europe et dans le monde missionnaire. travailler même jusqu'en Inde et au Japon. Kircher n'est pas entré chez les Jésuites aussi tôt qu'il l'aurait souhaité car il était tombé en patinant sur glace et s'était blessé.

De 1618 à 1620, Kircher s'occupait de ses devoirs religieux, passant principalement son temps à prier. Après 1620, il poursuivit les études habituelles du sacerdoce : philosophie et théologie. Il étudie la philosophie à Cologne et enseigne brièvement aux collèges jésuites de Coblence et de Heiligenstadt . Parallèlement à ces activités, Kircher s'intéresse particulièrement aux langues et aux mathématiques, fondement de tout travail scientifique. Il termina ses études de théologie à Mayence et fut ordonné prêtre en 1628.

Kircher a eu amplement l'occasion de suivre des cours, malgré les temps troublés résultant des guerres. En 1629, il se trouvait à Spire où il exprima à son supérieur religieux sa préférence pour le travail missionnaire en Chine. Il s'intéresse ensuite à l'écriture égyptienne, les hiéroglyphes, qui ne seront traduites que bien des années plus tard. Le chaldéen, l'arabe et le samaritain ont été ajoutés aux études linguistiques de Kircher. Puis pendant une courte période, il fut professeur d'éthique et de mathématiques à l'Université de Würzburg.

En 1618, lorsque Kircher entre chez les Jésuites, la guerre de Trente Ans éclate. A l'époque, comme à notre époque, l'Allemagne n'était pas un lieu pour des études sérieuses. Kircher, après être devenu prêtre, a passé un temps considérable en France où l'organisation d'un gouvernement central puissant était entreprise par Richelieu. Le Cardinal était un mécène des arts, fondateur de l'Académie française. Il est probable que la nouvelle des connaissances de Kircher parvint à Richelieu, car Kircher visita plusieurs collèges et universités du sud de la France, s'arrêtant à Lyon et plus tard à Avignon. Kircher poursuit parallèlement ses remarquables études, et se met à écrire, publiant son premier livre en 1630.

Bientôt, la renommée de Kircher attira l'attention des plus hautes autorités ecclésiastiques et éducatives. Le pape Urbain VIII, qui avait lutté en vain pour empêcher la guerre de Trente Ans, et le cardinal Francesco Barberini (neveu du pape Urbain), convoquèrent Kircher à Rome à la fin de 1633. Juste avant que l'ordre de venir à Rome ne lui parvienne, il fut invité à Vienne par l'empereur Ferdinand. Kircher partit pour l'Autriche en bateau depuis un port français mais fit naufrage et l'ordre de se présenter à Rome lui parvint après son sauvetage.

L'invitation à venir à Rome ne pouvait être refusée. Mais il y a tout lieu de croire que Kircher était ravi d'avoir l'opportunité de travailler à Rome sous de si hauts auspices. La situation civile était un peu plus stable à Rome qu'en Allemagne. De plus, Rome était le centre intellectuel ainsi que le point focal de nombreuses manœuvres politiques. Les ambassadeurs et agents spéciaux représentant Richelieu de France, le roi d'Espagne, l'empereur d'Allemagne et de nombreuses autres puissances européennes, grandes et petites, allaient et venaient constamment, cherchant à accroître la puissance de l'État qu'ils représentaient et leur propre prestige. aussi. Les chefs de tous les ordres religieux vivaient à Rome et c'était donc le siège de la connaissance des nouveaux développements scientifiques et des nouvelles des terres explorées en Amérique et en Extrême-Orient.

Kircher se démarque de ces luttes pour le pouvoir politique, religieux et éducatif. En tant que jésuite, il avait mis de côté les perspectives d'avancement ecclésiastique. Il se contentait de ses études, de son enseignement et de ses inventions. Mais d'autres ne se sont pas contentés de le laisser en paix.

À la demande du cardinal Barberini, Kircher fut nommé professeur de mathématiques au Collège romain, alors populaire auprès de la jeune noblesse romaine et des érudits du monde entier. Tout en enseignant, Kircher a poursuivi ses travaux sur les langues orientales et les mathématiques et s'est également diversifié dans les sciences naturelles.

Kircher était un petit homme doté d'une énergie illimitée et une fois intéressé par un problème, il ne se contentait que lorsqu'il connaissait tous les faits, si possible à partir d'une enquête personnelle, et qu'il avait écrit un ouvrage exhaustif sur le sujet. Il a effectué de nombreuses visites sur le terrain pour tester les théories et les idées par l'expérience pratique. Représentant actif de la science expérimentale, Kircher a apporté d'importantes contributions à la connaissance humaine, même si certains de ses livres contenaient de nombreuses erreurs, voire des absurdités.

Le travail de Kircher avec les lanternes magiques et ses observations sur la science de l'art de l'ombre magique ont été rendus publics au monde instruit dans son *Ars Magna Lucis et Umbrae* – « Le grand art de la lumière et de l'ombre » – publié à Rome en 1646. Kircher a défini son « Grand art de la lumière et de l'ombre ». L'art » comme « la faculté par laquelle nous créons et exposons avec la lumière et l'ombre les merveilles des choses dans la nature ». Cela s'applique aux tableaux vivants aujourd'hui comme au XVIIe siècle. Même le son des films modernes est enregistré et reproduit grâce à l'action de la lumière et des ombres.

Kircher ne donne aucun indice sur la date exacte à laquelle il a inventé la lanterne magique à projection. Mais il ne tarda probablement pas à terminer le livre en 1644 ou 1645. Kircher dédia son épais volume in-quarto, qui fut généreusement publié par Herman Scheus chez Ludovici Grignani à Rome, à l'archiduc Ferdinand III, empereur du Saint-Empire, roi de Hongrie, roi de Bohême et roi des Romains. Ainsi, la connaissance de l'écran est apparue pour la première fois sous forme imprimée sous un patronage très distingué.

La page de titre expliquait que le grand art de la lumière et de l'ombre avait été « digéré » en dix livres « dans lesquels sont montrés les merveilleux pouvoirs de la lumière et de l'ombre dans le monde et même dans l'univers naturel et de nouvelles formes d'exposition des diverses utilisations terrestres. sont expliqués. »

L' empereur écrivit un avant-propos suivi d'une introduction de Kircher « au lecteur ». Kircher a parlé de l'utilisation antérieure de la lumière et de l'ombre par les nécromanciens pour tromper, mais a souligné que ses développements étaient destinés à « un usage public ou un moyen de loisirs privé ». Le matériel d'introduction comprenait également plusieurs odes sur le sujet et l'auteur, ainsi que les approbations ecclésiastiques nécessaires.

Les neuf premiers livres, ou longues sections, d' *Ars Magna Lucis et Umbrae* abordent des sujets aussi divers que les suivants : la lumière, la réflexion, les images, le tube parlant, la structure de l'œil, les dispositifs de dessin, l'art de la peinture, les motifs géométriques, horloges, nature de la lumière réfléchie, réfraction et moyens de mesurer la Terre.

La section qui présente un intérêt particulier dans l'histoire des ombres magiques est la dixième : elle donne le titre à l'ensemble de l'ouvrage. Le sous-titre du chapitre est « Merveilles de la lumière et de l'ombre, dans lesquelles sont considérés les effets les plus cachés de la lumière et de l'ombre et leurs diverses applications ». Dans la préface de la section, Kircher écrit : « Dans cette recherche, comme dans nos autres recherches, nous avons pensé que les résultats de nos expériences importantes devaient être rendus publics. » « Ce risque est pris, poursuivit-il, dans le but d'empêcher les lecteurs curieux d'être escroqués de temps et d'argent par ceux qui vendent des appareils d'imitation, car beaucoup ont fourni des choses merveilleuses, rares, merveilleuses et inconnues et d'autres les ont vendues. beaucoup de couchette.

La première section du très important dixième chapitre traitait des horloges magiques et des cadrans solaires ; la seconde, la *camera obscura* ou « chambre noire », lentilles, télescopes et autres appareils optiques. Dans la troisième section apparaît la lanterne magique. La section s'intitule « Magia Catoptrica , ou concernant la merveilleuse exposition des choses à l'aide d'un miroir ». *Catoptron* en grec signifie « miroir ». Kircher a écrit : « La Magia catoptrica n'est rien d'autre que la méthode consistant à exposer au moyen de miroirs des choses cachées qui semblent échapper à la portée de l'esprit humain. » Kircher a mentionné d'anciennes autorités qui ont contribué à cette science de l'art.

Kircher a d'abord expliqué comment les miroirs en acier étaient fabriqués et polis – les miroirs ou les réflecteurs jouent toujours un rôle important dans la collecte de la lumière dans le projecteur de cinéma. Il a commenté les différents types de miroirs convexes, concaves, sphériques et autres.

À l'époque de Kircher, même les érudits n'étaient absolument pas instruits selon les normes modernes, notamment dans toutes les questions de science physique. Les images apparues de nulle part étaient très mystérieuses et peu de gens savaient comment elles étaient produites. Le télescope et le microscope étaient encore très récents et beaucoup doutaient de ce que leurs yeux voyaient à travers ces inventions.

Kircher, en tant que showman, a décrit un théâtre catoptrique, un grand meuble dans lequel de nombreux miroirs étaient dissimulés. L'un des « Théâtres » a été installé dans le palais de la Villa Borghèse à Rome et a sans aucun doute ravi les nobles de l'époque autant que le peuple des États-Unis a été satisfait des premières machines à peep-show d'Edison en 1894. Car le théâtre catoptrique de Kircher était un des premiers appareils de peep-show. Il a également un rapport avec le Kaléidoscope du début du XIXe siècle.

La première forme de lanterne magique décrite par Kircher était simplement une lanterne adaptée pour montrer des lettres à distance. C'est très simple et paraît tout à fait élémentaire. Mais le premier pas a été franchi. Le troisième problème de la troisième section du dixième livre de l' *Ars Magna Lucis et Umbrae* était de savoir comment construire une telle lanterne artificielle avec laquelle des caractères écrits pourraient être montrés à distance.

Les pièces se distinguent facilement : un miroir concave à l'arrière ; une bougie pour source de lumière ; une poignée et un emplacement pour insérer des diapositives de lettres silhouette. Kircher a noté que dans l'appareil, la flamme brûlerait avec un éclat inhabituel. "Grâce à cet appareil, de très petites lettres peuvent être exposées sans aucun problème." Il a noté que certains penseront qu'il y a un énorme feu, tant la lanterne brillera. Il a ajouté que la force de la lumière sera augmentée si l'intérieur du cylindre est recouvert d'un alliage d'argent et conduira à augmenter ses qualités réfléchissantes.

Le deuxième dispositif de Kircher en relation directe avec le cinéma est sa machine à créer des métamorphoses ou des changements rapides. Toutes sortes de transformations pourraient être montrées. C'est ici qu'a été introduite pour la première fois la roue tournante sur laquelle les images étaient peintes. Il présente une relation analogue avec les appareils cinématographiques du début du XIXe siècle, utilisant également une roue verticale tournante. Le projecteur moderne dispose également de ses images de film sur une petite roue ou une bobine.

Kircher a expliqué que dans cette machine catoptrique, un homme regardant le miroir (équivalent à l'écran d'un théâtre) voit des images d'un feu, d'une vache et d'autres animaux se fondant les uns dans les autres. Il est peu probable que la roue géante ait pu tourner assez rapidement pour donner une illusion de mouvement, mais il y a certainement eu une transformation qui a dû paraître merveilleuse et divertissante. (Illustration en regard de <u>la page 48.</u>)

Kircher a également décrit comment des images d'objets pouvaient être projetées au moyen de la lumière d'une bougie. Grâce à ce système, diverses images étaient exposées dans une chambre sombre. Mais Kircher n'était évidemment pas satisfait de cette méthode, car aucune illustration n'en figurait dans la première édition de son livre. La raison est évidente. Une bougie ne pouvait fournir qu'un éclairage suffisant pour les ombres les plus faibles. Kircher a écrit que les objets qui n'ont besoin que d'une fraction de la lumière du soleil peuvent être montrés par une bougie dans une petite pièce. Pour cela, deux méthodes ont été indiquées : (1) avec un miroir concave réfléchissant les images et (2) en projetant l'image à travers une lentille. Il a été noté que la meilleure méthode était celle à travers la lentille. Une combinaison des deux fournissait le plus de lumière . Kircher remarqua qu'il avait lu dans une histoire des Arabes qu'un certain roi de Bagdad utilisait un miroir pour faire des merveilles afin de tromper le peuple. Il a également souligné que certains hommes avaient utilisé des miroirs pour projeter dans des endroits sombres ce que les ignorants pensaient être des démons.

À l'époque de Kircher et pendant des siècles, le principal problème était de fournir suffisamment de lumière. La solution finale n'est venue qu'après l'introduction de l'éclairage électrique. La projection la plus efficace de Kircher était probablement celle dans laquelle le soleil était utilisé comme source de lumière. Même au début du XXe siècle, on utilisait des dispositifs reliant le soleil à la lanterne magique, car on pensait que les résultats étaient encore meilleurs et moins coûteux que ceux obtenus avec la lumière électrique.

Le projecteur de magie solaire de Kircher utilisait un véritable système optique qui reste encore aujourd'hui fondamental. Il y avait d'abord la source de lumière, puis un réflecteur et l'objet, et l'image projetée. Les effets, bien sûr, seraient plus saisissants dans une pièce sombre. Kircher a également montré comment les ombres de tout type de personnage pouvaient être projetées sur un mur ou un écran par la même méthode.

À une époque où il y avait beaucoup de correspondance secrète et un vif intérêt pour diverses formes de chiffrement, de nombreux lecteurs de Kircher étaient heureux de constater comment la lanterne magique pouvait être utilisée à de telles fins. On pensait qu'à cette époque, les gens ne se rendraient pas compte que les lettres dans un tel système étaient simplement à l'envers et à l'envers. Le message pouvait être lu facilement en projetant des images des lettres. Le même résultat pourrait être obtenu en retournant le papier et en le tenant devant un miroir.

Après avoir énuméré ces nombreuses utilisations diverses du système de la lanterne magique, Kircher a jugé bon de conclure son livre de peur d'être accusé de «divaguer» sans fin sur un sujet que certains considéreraient comme trivial. Kircher a déclaré : « Nous laissons tout cela au lecteur talentueux pour un affinement ultérieur. Un mot au sage suffit. On pourrait dire d'innombrables choses sur l'application de cet appareil, mais nous laissons à d'autres de nouveaux matériaux d'invention et, de peur que ce travail ne s'allonge trop longtemps, nous coupons le fil de la discussion sur ces appareils.

Kircher a terminé l'intégralité de son livre en disant qu'il avait été publié « non pas pour le revenu ou la gloire mais pour le bien commun ».

Dans son autobiographie latine, Kircher ne fait qu'une seule référence passagère à son *Ars Magna Lucis et Umbrae* , « Le grand art de la lumière et de l'ombre ».

Laissons Kircher parler :

A cette époque (vers 1645) trois autres livres furent publiés, le premier sur l'art magnétique, *Sur le magnétisme* ; un autre *sur le grand art de la lumière et de l'ombre* et un troisième écrit au nom de *Musurgia* , « Musique ». Ce ne sont pas des œuvres insignifiantes, Dieu soit loué. Ils provoquèrent des applaudissements mais ces applaudissements m'apportèrent bientôt une autre forme de tribulation ; de nouvelles accusations se sont accumulées et c'est pour cette raison que mes critiques disaient que je devrais consacrer toute ma vie au développement des mathématiques. Alors , avec un espoir désespéré à cause de cette difficulté impénétrable, j'abandonnai mon travail sur les hiéroglyphes et mon cœur et mon esprit furent découragés.

À un moment donné de la discussion sur la lanterne magique dans *Ars Magna Lucis et Umbrae,* Kircher a interrompu le fil de l'histoire suffisamment longtemps pour souligner que des accusations d'utilisation de la magie noire avaient été portées contre lui et contre d'autres qui connaissaient l'utilisation des miroirs. et des lentilles par certains qui n'avaient aucune connaissance en philosophie et en science. Il a raconté comment Roger Bacon a été accusé de nécromancie parce qu'il pouvait montrer une ombre reconnaissable de lui-même dans une pièce sombre où étaient rassemblés ses amis. Kircher a noté qu'un philosophe et un scientifique talentueux pourrait certainement accomplir tous ces effets grâce à son habileté à utiliser des miroirs et des lentilles et sans aucune trace d'art noir suspect.

L'accusation d'art nécromantique était à l'origine d'une grande partie du mécontentement de Kircher. Certains le considéraient comme étant de mèche avec le diable parce qu'il pouvait faire apparaître des images, des ombres et des objets là où il n'y en avait pas auparavant. C'était une vieille histoire que certains dans le public ou parmi les lecteurs ne comprenaient pas comment un effet était produit et que sa validité et sa légitimité étaient donc niées.

Les louanges et les reproches ont toujours été le lot des découvreurs et des inventeurs.

Kircher eut cependant plus de chance que beaucoup d'autres. Il a pu écrire dans son autobiographie : « La Divine Providence, qui ne nous fait jamais défaut, a pris soin de mes ennuis de cette manière merveilleuse : mon travail m'a été restitué et, grâce à cette bonne fortune, j'ai échappé aux pièges de mes adversaires. .»

À cette époque, même sur les questions scientifiques, les adversaires se battaient jusqu'à la mort. Voici ce qui s'est passé : une commission créée par Innocent X, élu pape en 1644, a ordonné que Kircher soit autorisé à poursuivre ses chères études d'antiquaire. Il semble que l'Obélisque de Caracalla ait été partiellement détruit et Kircher fut chargé de diriger la restauration. Le patron initial de Kircher, le cardinal Barberini, a continué à avoir de l'influence, étant le légat ou l'ambassadeur du pape Innocent auprès de l' empereur .

Ainsi , l'homme qui avait tant fait pour faire progresser l'art et la science des images vivantes pour la connaissance et le plaisir de millions de personnes au cours des siècles à venir a passé les jours les plus heureux de sa vie à regarder vers le passé mort et enseveli.

Un quart de siècle plus tard, Kircher put réviser et élargir son livre sur *Le Grand Art de la Lumière et de l'Ombre* et le faire imprimer dans une grande édition in-folio en 1671 par John Jansson de Waesberge à Amsterdam. Les conditions avaient beaucoup changé : Kircher n'était plus un nouveau venu à Rome, soupçonné d'être de mèche avec le diable en raison de ses pouvoirs en matière de miroirs et de lentilles et de ses étonnantes images projetées. Sa renommée d'érudit universel, « Docteur aux cent arts », s'était répandue dans le monde européen. Les hommes commençaient maintenant à se rendre compte de la grande valeur de sa *Magia Catoptrica* ou Projection Magique avec des miroirs.

Jacob Alban Ghibbesim , MD, professeur au Collège romain, dans la légende du portrait de Kircher, a utilisé ces mots : « Cet homme et son nom sont connus jusqu'au bout de la terre. »

En 1670, Kircher eut un nouveau mécène, Jean-Frédéric, à qui il dédia son œuvre. L' empereur Ferdinand, qui avait parrainé la première édition, était décédé en 1657. L'Europe se remettait peu à peu des effets de la guerre de Trente Ans. Louis XIV instaure en France un régime personnel tout-puissant. La Hollande et la Suisse gardaient jalousement leur indépendance nouvellement conquise. La Suède était une puissance européenne importante. La Grande-Bretagne a connu une république de courte durée sous Cromwell. Dans le Nouveau Monde, les Anglais avaient consolidé leur position en chassant les Néerlandais de la Nouvelle-Amsterdam et en occupant New York en 1664. Une grande partie du Nouveau Monde restait encore à explorer.

Les « vagabonds et imposteurs » avaient transporté la lanterne magique partout pendant le quart de siècle suivant son annonce, la revendiquant généralement comme leur propre invention. Kircher pensait que le moment était venu pour lui d'exposer plus en détail diverses applications supplémentaires de sa lanterne magique, inventée 30 ans auparavant. Les seuls ajouts que Kircher a apportés à l'ensemble du tome concernaient la section sur les lanternes magiques. Deux nouvelles planches ont été réalisées, montrant des projecteurs de type salle et boîte, et une autre planche spéciale sur une application particulière démontrant que Kircher a utilisé l'idée de la lanterne pour raconter une histoire a également été ajoutée. (Illustration en regard de <u>la page 49. </u>)

Laissons Kircher parler maintenant de Walgenstein , un Danois, l'un de ses premiers et plus réussis imitateurs dans la pratique de la lanterne magique :

Concernant la construction de la Lanterne Magique ou Thaumaturga (Projecteur de Merveilles)—

Bien que nous ayons déjà mentionné cette lanterne à plusieurs endroits et montré une méthode de transmission d'images par le soleil dans des endroits sombres, nous illustrerons une autre utilisation, à savoir une méthode de projection d'images peintes d'objets dans leurs propres couleurs. Parce qu'auparavant nous nous contentions d'esquisser ce sujet et de le laisser entièrement à l'écart d'autres inventions plus importantes, il est arrivé que beaucoup de ceux qui étaient attirés par la nouveauté de la lanterne magique s'appliquaient à son perfectionnement.

Le premier d'entre eux était un Danois, Thomas Walgenstein , un mathématicien assez connu, qui, se souvenant de mon invention, produisit une meilleure forme de la lanterne que j'avais décrite. Il les vendit, avec un grand profit pour lui-même, à de nombreuses personnalités éminentes d'Italie. Il en vendit tellement que la lanterne magique est désormais presque courante à Rome. Cependant, parmi toutes ces lanternes, il n'y en a aucune qui diffère de la lanterne que nous avons décrite. Walgenstein a déclaré qu'avec ce modèle de lanterne, il avait montré un grand nombre d'images suffisamment lumineuses et brillantes dans une chambre sombre et qu'elles avaient suscité la plus grande admiration du public. Dans notre chambre noire du collège, nous avons l'habitude de montrer de nombreuses images nouvelles, au plus grand émerveillement de ceux qui les regardent. Le spectacle vaut le détour, les sujets étant soit des satires, soit des pièces tragiques, tous les tableaux étant des apparences des vivants.

D'après la déclaration de Kircher, Walgenstein devrait être salué comme le premier commercialisateur du projecteur et le premier showman d'images itinérant ou « road-show man ». Malheureusement, on sait peu de choses sur cet homme. Même s'il était peut-être « assez connu » à l'époque de Kircher, il n'a laissé aucune trace dans l'histoire, n'écrivant évidemment jamais de livre ni occupant un poste éducatif ou autre qui aurait pu être enregistré. Il semble certain qu'il s'agissait du Danois dont parlait l'inventeur et scientifique français Milliet de Chales, qui aurait introduit la lanterne magique à Lyon, en France, quelques années après son invention par Kircher.

La déclaration de Kircher sur les spectacles qu'il présentait au Collège romain est des plus intéressantes. La référence aux pièces tragiques et comiques indique sans aucun doute que Kircher a utilisé une succession de diapositives de lanterne pour raconter une histoire, comme le cinéma moderne est constitué d'une succession d'images.

Kircher a inclus une description du projecteur de diapositives afin que tous ceux qui le souhaitaient puissent imiter son travail. "Toutes ces choses ont été montrées pour que le lecteur puisse se l'approprier", a-t-il déclaré. « L'œuvre d'art précédemment décrite ne diffère pas de la nouvelle lanterne. » Il a souligné que des diapositives mobiles avaient été ajoutées pour que les objets puissent apparaître sous l'aspect d'ombres vivantes. Il a de nouveau expliqué comment utiliser un miroir concave et un diaphragme. Kircher a informé ses lecteurs qu'il utilisait habituellement quatre ou cinq diapositives, chacune comportant huit images peintes sur verre. Les illustrations, a-t-il noté, expliquent le système mieux que les mots. Nous faisons écho à cela et renvoyons le lecteur aux illustrations des projecteurs à diapositives en boîte et en salle de Kircher.

Kircher, dans son édition de 1671, décrit une forme de disque tournant pour raconter une histoire. (Il a choisi comme modèle l'histoire la plus connue de toutes : La vie du Christ.) La lumière disponible ne donnerait pas un grand effet, mais le modèle était tracé. Près de deux cents ans plus tard, la première projection de films cinématographiques devait être réalisée avec un disque quelque peu similaire et une série de personnages peints. Le disque tournant de Kircher racontait l'histoire avec une série d'images fixes se succédant rapidement. (Illustration en regard de <u>la page 48.</u>)

En expliquant tous les détails de la méthode et de la construction de la lanterne magique à toutes les personnes intéressées, Kircher avait espéré dénoncer certains des imposteurs qui utilisaient son invention pour susciter la peur et faire croire aux gens que l'opérateur avait des pouvoirs magiques.

Kircher, avec ses « cent arts », est devenu *vir toto orbe Celebratissimus* — un homme bien connu dans le monde entier — selon Jérôme Langenmantel qui édita son autobiographie en 1684. Cependant, depuis son époque, Kircher est relativement inconnu.

Il n'y avait pratiquement aucune branche du savoir qui n'attirait pas l'attention de Kircher. Il a rassemblé l'une des meilleures collections ethnologiques de son temps. Il tenta de développer un langage de base et fut l'un des premiers à s'initier au déchiffrement des hiéroglyphes. Dans le domaine du magnétisme , il fut un pionnier et, en 1632, l'un des premiers à cartographier les variations de la boussole et les courants océaniques. En médecine, Kircher était un partisan de la nouvelle théorie des germes, généralement méconnue, et un expérimentateur dans l'utilisation de l'hypnose à des fins de guérison. Il a beaucoup contribué aux premières connaissances sur les volcans. En tant qu'inventeur, Kircher a perfectionné l'une des premières machines à compter, les tubes parlants, les harpes éoliennes et a développé le microscope jusqu'à une puissance d'agrandissement de 1 000 diamètres.

Cependant, malgré toutes ses connaissances, son titre de « Docteur aux Cent Arts » et les ennuis et la renommée liés à l'invention de la lanterne magique – son moindre art, ou « le centième » – Kircher n'était pas fier de sa réputation.

Il conclut sa petite autobiographie en se décrivant comme « un pauvre, humble et indigne serviteur de Dieu ». Son cœur a été enterré dans un sanctuaire dédié à Marie, la Mère de Dieu, que Kircher avait fait construire sur la colline Sabine à Rome.

*　　　*　　　*　　　*　　　*

L'art-science de la projection et la lanterne magique ont été expliqués plus en détail à travers la publication de trois autres livres qui comprenaient une description du travail de Kircher et des illustrations de ses systèmes de projection ; à savoir, le volume de George de Valesius sur le Musée du Collège Romain en 1678, qui soulignait que Kircher avait développé des lanternes magiques utilisant une ou plusieurs lentilles, et que plusieurs modèles différents étaient exposés et utilisés depuis l'époque de leur invention ; le livre de Johann Stephan Kesler sur les expériences de Kircher publié en 1680 et une autre édition en 1686 ; et enfin fut publié à Rome, en 1707, un ouvrage sur le musée Kircher, le musée du Collège romain, qui avait alors reçu officiellement le nom de son collectionneur. Aujourd'hui, il ne reste que quelques petits objets des collections originales de Kircher. Malheureusement, les appareils de Kircher ont été détruits peu de temps après sa mort.

Le musée Kircher du Collège romain, le premier théâtre d'images au monde, était un endroit étonnant. Toutes sortes d'objets antiques et scientifiques imaginables ont été rassemblés : des inscriptions égyptiennes aux animaux empaillés, en passant par les poissons, les pierres rares, les curiosités des Nouveaux Mondes et tout ce qui concernait les activités du « Docteur aux Cent Arts ». N'importe quel spectateur, depuis l'un des éminents cardinaux jusqu'à un jeune noble romain et étudiant du Collège invité à un spectacle, aurait certainement été bien préparé pour un spectacle extraordinaire après avoir examiné les diverses collections du musée.

Au XVIIe siècle, l'identité de l'inventeur de la lanterne magique ne faisait aucun doute. Avant la mort de Kircher en 1680, sa lanterne magique était largement utilisée en Europe à des fins scientifiques et de divertissement ainsi que pour l'art de la tromperie. La question a été soulevée par des auteurs ultérieurs cherchant à revendiquer comme inventeur un ressortissant de leur propre pays. Kesler écrivait en 1680 : « Dans l'art catoptrique, les images sont exposées dans des endroits sombres à travers la lanterne magique inventée par notre auteur (Kircher) et que, dans sa mémoire éternelle, il a communiquée au monde. »

À cette époque, certains hommes aimaient garder secrètes leurs inventions, de peur que quelqu'un d' autre n'en réclame les récompenses. Deux siècles et demi plus tard, Thomas A. Edison jugeait parfois préférable de ne pas déposer de brevets étrangers pour ses inventions, car cela ne servait souvent qu'à avertir ceux qui cherchaient à reproduire son travail. C'est pour cette raison

qu'Edison n'a pas dépensé les 150 dollars nécessaires pour obtenir des brevets
étrangers sur ses caméras et ses visionneuses de films.

———

- 55 -

VII
VULGARISATION DU PROJECTEUR DE KIRCHER

La lanterne magique de Kircher est popularisée par d'autres - Schott - Milliet de Chales - Zahn - Molyneux - Le nom et la renommée de l'inventeur se perdent dans le public tandis que la projection d'ombres magiques se répand dans toute l'Europe.

COMME BEAUCOUP d'autres inventeurs, Kircher a reçu peu d'éloges et beaucoup de reproches pour son invention de la lanterne magique. Les accusations d'être de mèche avec le diable pour obtenir les images merveilleuses sur l'écran lui ont presque brisé le moral. Bien que son appareil ait été largement piraté en Europe sans que l'inventeur soit mentionné, avant la mort de Kircher, il pouvait tirer une certaine satisfaction du fait que son projecteur n'était plus considéré comme de la « magie noire » mais comme une grande aubaine pour l'humanité. S'il avait vécu plus longtemps, il aurait de nouveau été attristé lorsque d'autres ont revendiqué la lanterne magique comme la leur. À cette époque, le nom de Kircher n'était connu que de quelques érudits, bien que le public des lanternes magiques puisse se compter par milliers.

Au cours du premier demi-siècle qui a suivi l'invention du projecteur de lanterne magique, quatre hommes, outre Kircher lui-même, ont fait largement connaître ses principes scientifiques et sa construction. C'était un groupe curieux : Gaspar Schott, un protégé de Kircher ; Claude Milliet de Chales, prêtre français et expert militaire ; Johann Zahn, écrivain allemand ; et William Molyneux, patriote irlandais, enseignant et scientifique.

Gaspar Schott était le plus connu des élèves de Kircher qui ont contribué à éveiller l'intérêt scientifique en Europe. Il est né à Königshofen , en Bohême, en 1608. Il entra dans l'Ordre des Jésuites à l'âge de 19 ans. Comme Kircher, son aîné de six ans, Schott fut contraint de fuir les troubles en Allemagne et de poursuivre ses études à l'étranger. Pour ses cours de philosophie et de théologie, Schott se rend en Sicile. Plus tard, il étudia auprès de Kircher au Collège romain. Dès son contact avec Kircher, Schott avait développé un grand intérêt pour les questions scientifiques et les mathématiques. Il mena des recherches et écrivit à Augsbourg jusqu'à sa mort en 1666. Les livres de Schott étaient autrefois très populaires. Leurs sujets allaient d'extraits des journaux tenus par Kircher lors de ses divers voyages scientifiques à des manuels de mathématiques et même à une étude sur la source du Nil. En ce qui concerne l'histoire des ombres magiques, le livre le plus précieux de Schott était la *Magia Universalis Naturæ et Artis* . « Merveilles de la nature et de l'art universels », publiées à Würzburg en 1658, avec une deuxième édition en 1674.

Schott a décrit tous les types de lanternes magiques, en se basant bien entendu sur les travaux de Kircher. L'appareil de projection décrit par lui était meilleur que celui du maître Kircher. Schott a décrit les lanternes avec et sans lentilles et a abordé les points d'utilisation pratique ainsi que la théorie.

Les lunettes brûlantes séculaires d'Archimède ont été étudiées par Schott, qui connaissait les différents types d'images, de miroirs, ainsi que la distance focale et son importance pour produire des images nettes sur l'écran. Un raffinement du télescope a également été expliqué.

Schott fut probablement le premier homme à écrire et à étudier avec la lanterne magique les illusions d'optique provoquées par une roue tournant rapidement, y compris l'apparition de figures déformées. C'est cette même étude, menée près de deux cents ans plus tard en Angleterre, en France et en Belgique, qui donnera naissance aux premiers véritables films. Dans ses idées, Schott dépassait les limites de l'appareil physique disponible à l'époque, tout comme Kircher lui-même.

Schott avait demandé à Kircher d'écrire l'avant-propos de son livre. Mais Kircher était trop occupé par d'autres travaux. (Il est à peine possible qu'il ait été jaloux de la renommée grandissante de son ancien élève ; ou, plus probablement, qu'il n'ait pas voulu publier à cette époque sur le sujet qui avait tant contribué à ses ennuis.) Nicholas Mohr, qui a rédigé l'introduction, a souligné que Schott avait poursuivi le travail de Kircher.

Schott a discuté des différents détails du projecteur de lanterne magique en termes scientifiques. C'était un pur scientifique, sans le côté mise en scène qui distinguait Kircher et qui contribuait probablement à lui causer des problèmes avec ses «ennemis». Schott a décrit comment « construire la machine catoptrique Kircher ». Ce fut la première association du nom de Kircher avec la lanterne magique. Mais les gens préféraient l'appellation de « lanterne magique » de Kircher. Et ainsi, son propre nom n'est pas devenu le langage désignant l'appareil qu'il a inventé.

Une quinzaine d'années après la parution du livre de Schott et près de trente ans après la première description de la lanterne magique par Kircher dans son *Grand Art de la lumière et de l'ombre* , le premier Français éminent de l'histoire des ombres magiques apporta sa contribution en améliorant certains détails du projecteur.

Conformément à ce qui n'est pas une pratique rare parmi les historiens français de revendiquer des inventions pour les Français, il a été soutenu que Claude François Milliet de Chales, et non Athanasius Kircher, a inventé la lanterne magique. Milliet de Chales était un homme talentueux mais, comme il l'écrit lui-même clairement, il n'a pas inventé la lanterne magique. Ce qui s'est passé, c'est que de Chales en a vu une exposée à Lyon, où il était en poste, et a ensuite imaginé quelques améliorations.

De Chales était beaucoup trop jeune pour avoir inventé la lanterne magique, puisqu'il est né à Chambéry en 1621. Il entra chez les Jésuites en 1636 et après ses études passa quelque temps dans le travail missionnaire en Turquie. Pendant que de Chales était en mission, Kircher avait déjà fait une démonstration de la lanterne magique à Rome.

Le Père de Chales a eu une carrière intéressante. À son retour du travail missionnaire, il devient professeur de sciences humaines et de rhétorique. Plus tard, son attention s'est tournée vers les choses scientifiques. Louis XIV le nomma professeur d'hydrographie à Marseille et là de Chales put consacrer beaucoup de temps à la navigation et à d'autres arts qui auraient une application militaire. De Chales enseigna plus tard les mathématiques et la théologie, pour finalement devenir recteur de Chambéry . Il mourut à Turin en 1678.

Oculus artificiel Télédioptrique , 1685

JOHANN ZAHN, Gaspar Schott, Claude Milliet de Chales et William Molyneux perfectionnent le projecteur de la lanterne magique de Kircher et le font connaître dans toute l'Europe. Les modèles de table de Zahn sont illustrés. Le montage des diapositives montre la quête du mouvement. Aucune amélioration fondamentale du projecteur n'a été apportée avant un siècle et demi.

L'œuvre monumentale de De Chales est *Cursus seu Mundus Mathematicus* , « Le monde mathématique », écrite en 1674. Une édition, éditée à partir du manuscrit révisé de l'auteur, par Amati Varcin , S. J., a été publiée à Lyon en 1690, 12 ans après celle de de Chales. la mort. Une section était consacrée à l'optique. De Chales a étudié l'œil et a su que l'image est à l'envers sur la rétine. Il a étudié d'autres problèmes de vision, notamment la vision angulaire et la vision à longue distance, la vision binoculaire et les images formées par chaque œil. Il a conçu des verres et des lunettes satisfaisants pour les personnes myopes et myopes. (Le nom original de la myopie – « Myopie » – vient d'Aristote.) De Chales a expérimenté des objets de couleur claire et foncée et s'est demandé pourquoi nous voyons mieux avec deux yeux qu'un seul. Il a noté que l'œil voit en réalité la couleur et la lumière et non les objets et le mouvement – un fait sur lequel repose tout le processus cinématographique. Il a souligné que le navire semble rester immobile et que le rivage se déplace vers un observateur à bord. Il étudia également la nature de la couleur et les lois de la lumière. De Chales a même tenté la projection en trois dimensions ! Même aujourd'hui, de nombreux efforts sont déployés pour réaliser des films « tridimensionnels » sans utiliser de lunettes spéciales ou d'autres dispositifs de visualisation pour les spectateurs.

Oculus artificiel Télédioptrique , 1685

Les indicateurs de temps et de vent par projection faisaient partie des curieuses adaptations du dispositif de lanterne magique développé par Zahn. Au-dessus, l'heure était indiquée par la pointe de l'épée. En contrebas, l'instrument à vent était ingénieusement relié à une girouette située sur le toit. C'était automatique en action ; l'« horloge » ne l'était pas.

De Chales a envisagé des miroirs plans et incurvés, améliorant la conception de l'ancienne *camera lucida* d'Alberti en introduisant un miroir. Il a conçu un simple projecteur pour améliorer la projection des images, dans un système similaire à la conception de Kircher pour la première lanterne magique, mais comme il avait une source de lumière plus puissante, il a été montré comment des lettres, suffisamment lumineuses pour être lues, pouvaient être projetées sur une grande distance. .

De Chales a raconté comment des incendies pouvaient être allumés avec le système à deux lentilles , comme les anciennes lunettes brûlantes d'Archimède. C'était un homme pratique et ingénieux et il comprenait des détails sur la façon de fabriquer des lentilles. D'autres études incluaient la réflexion des couleurs, un télescope avec deux lentilles convexes, une tentative de fabrication de jumelles et même une expérience avec des prismes, jetant les bases de Newton.

De Chales a écrit que pour beaucoup de choses, cette méthode de projection – directe avec une source de lumière puissante – était « la meilleure et la plus sûre ». Il avait sans doute raison, compte tenu des moyens disponibles. Il a également souligné les utilisations militaires du projecteur et d'autres dispositifs à lentille miroir. Aujourd'hui, dans les eaux ennemies ou là où des mers ou des avions hostiles sont attendus et où un « silence radio » doit être maintenu, les navires et les avions doivent utiliser des dispositifs de signalisation optique et de Chales a été le premier à réfléchir attentivement à ce sujet.

Le raffinement le plus important de De Chales dans le projecteur a été l'introduction d'un système de projection à deux lentilles.

Il a décrit dans son livre comment la lanterne magique a attiré son attention pour la première fois. « Nous avons vu ici à Lyon une machine dioptrique, appelée lanterne magique. Des rayons de lumière sont projetés à travers un tube sur une distance de dix ou douze pieds. Une image agrandie, d'environ quatre pieds de diamètre, est montrée dans toutes ses couleurs. » L'effet a été considéré comme merveilleux, selon de Chales. Il a toutefois noté qu'une lentille convexe avait été utilisée, mais a souligné qu'il serait préférable d'utiliser une lentille double « comme il l'a démontré ». De Chales n'a pas abandonné le miroir concave, utilisé comme collecteur de lumière sur presque tous les types de projecteurs, depuis celui de Kircher jusqu'à ceux d'aujourd'hui.

Dans un chapitre ultérieur, de Chales a donné plus d'informations à ce sujet. « Comme je l'ai indiqué dans le chapitre précédent, un savant Danois » (très probablement le même Walgenstein dont Kircher a parlé pour vulgariser son projecteur de lanterne) « est venu à Lyon en 1655. » De Chales a poursuivi: "Ce Danois connaissait bien l'optique et montrait entre autres une lanterne." De Chales a de nouveau souligné comment il avait développé une amélioration, en utilisant deux lentilles, qui rendait possible une projection à la distance alors étonnante de 20 pieds. La projection actuelle au Radio City Music Hall du Rockefeller Center à New York mesure environ 200 pieds.

Outre l'optique et de nombreux autres domaines d'études, de Chales s'intéressait à la navigation. Il écrivit un livre, probablement sur ordre de l'état-major du Roi, *L'Art de la navigation démontré par principe et prouvé par de nombreuses observations tirées de l'expérience pratique* . Il imagine un bateau à roues à aubes qui irait à contre-courant, « sans voiles, sans rames et sans traction d'aucun animal » – sûrement une arme militaire ! Son œuvre militaire la plus importante était *L'art de fortifier, de défendre et d'attaquer selon les méthodes françaises, hollandaises, italiennes et espagnoles* .

De Chales a mentionné dans ses écrits Alhazen, Witelo et d'autres autorités anciennes. Il a dû lire la première édition du livre de Kircher ainsi que celle de Gaspar Schott avant d'écrire la sienne. Cependant, de Chales a apporté une nette amélioration à son système de lentilles qui est essentiellement moderne. En outre, son travail a contribué à populariser et à étendre l'art et la science de la lumière et de l'ombre. C'était un autre homme étrange dans cette histoire complexe : un missionnaire, un enseignant et un expert militaire.

Johann Zahn dans *Oculus Artificialis Télédioptrique sive Telescopium* , « L'œil télescopique artificiel ou télescope », publié à Nuremberg en 1685 et 1702, décrit un meilleur système de lentilles pour la lanterne magique et décrit de nombreuses applications, y compris de fausses représentations pour créer l'émerveillement et la peur. L'un des professeurs de Zahn était Jérôme Langenmantel , l'éditeur de l'autobiographie de Kircher, le lien avec Kircher est donc étroit et direct.

Zahn a considéré l'œil, la vision et la lumière, en basant son travail sur des écrivains antérieurs. Il a été noté que Kircher et son assistant Schemer ont utilisé un système - probablement la caméra naturelle - pour observer le soleil à Rome en 1635. Il a également décrit des télescopes et des microscopes ainsi qu'un appareil précurseur du stéréoscope.

Dans sa section sur la lanterne magique, Zahn reconnaît sa dette envers Kircher, se référant au livre de Kircher et à la déclaration de Schott : « la projection d'images d'objets a été annoncée d'une manière merveilleuse par Kircher ». Il connaissait également l'œuvre de de Chales. Mais il a montré qu'une amélioration pouvait être apportée.

Zahn a montré une lanterne magique complète, ou Lanterne Thaumaturga (noms originaires de Kircher) ou Lanterne Megalographica (Grande écriture), car même de petites figures et images peuvent paraître réalistes en taille. Le système était complet : un miroir réfléchissant pour focaliser la lumière, une lampe comme source lumineuse et deux lentilles de projection formant le système de projection.

Zahn a écrit : « De très grandes merveilles sont présentées et exposées dans la lanterne magique, y compris la projection de lumière et d'images curieuses. » Il se révèle être un showman en affirmant que le but est de créer « la plus grande admiration et le plus grand plaisir de ceux qui regardent ».

La lanterne magique ordinaire était, dit-il, « déjà bien connue ». Il met au point des améliorations très ingénieuses, notamment des modèles de projecteurs de table qui donneront la tendance jusqu'à la fin du XIXe siècle. Tout ce qui a été ajouté plus tard, ce sont des sources de lumière améliorées, y compris, enfin, la lumière électrique. (Illustrations en face de <u>la page 64.</u>)

Zahn, pour ses spectacles de théâtre, a décrit comment des images pouvaient être projetées même sous l'eau. Il a souligné l'importance de cacher le projecteur dans une pièce séparée afin que le public ne connaisse pas la source de la vision magique.

Dans un modèle de la lanterne magique, Zahn a expliqué comment les lames de verre pouvaient être montées sur un disque circulaire qui pouvait tourner devant la lentille de la lanterne magique. En d'autres termes, il a pris le disque montré par Kircher et l'a combiné avec le projecteur de Kircher. Mais la modification de Zahn était le modèle dominant utilisé par les expérimentateurs ultérieurs, juste avant l'aube du cinéma tel que nous le connaissons. Le premier projecteur permettant de projeter des « images animées » à partir de diapositives dessinées à la main a été inventé vers 1851 par Franz von Uchatius et ressemblait beaucoup à ce modèle de Zahn.

Zahn avait également de nombreuses applications curieuses, notamment l'utilisation de la lanterne magique pour indiquer l'heure ou plutôt pour projeter l'heure exacte sur une grande « horloge » accrochée au mur. Une autre application était l'utilisation de la lanterne, reliée à une girouette au sommet de la structure, pour indiquer la direction dans laquelle soufflait le vent à un instant donné. (Illustration en regard de la page 65.)

J. Kunckelius , qui a écrit sur l' *art du verre* , est crédité par Zahn d'avoir développé une bonne encre ou peinture à utiliser sur le verre pour les diapositives de la lanterne magique. Cette information a été transmise par lui à ses lecteurs. Depuis l'époque de Kircher jusqu'à l'invention du film et son utilisation en photographie à la fin du XIXe siècle, les lames de verre constituaient les supports physiques d'images pour pratiquement tous les types de spectacles d'ombres magiques.

La lanterne magique de Kircher a été établie sur une base scientifique dans le monde anglophone par les écrits de William Molyneux, citoyen de Dublin. Molyneux est devenu un patriote irlandais en prenant position contre le droit revendiqué du Parlement anglais de gouverner les Irlandais. Il fut un leader dans la lutte constitutionnelle pour l'autonomie irlandaise au début du XVIIIe siècle.

Molyneux, professeur au Trinity College de Dublin, a inclus son traitement de la lanterne magique dans son *Dioptrica Nova* , que la censure a adopté le 4 juin 1690 avec la note : « Je pense que ce livre est digne d'être imprimé ». Mais il ne fut publié que deux ans plus tard. Molyneux, comme d'autres pionniers de cet art-science, a connu sa période d'exil. Il a écrit dans *Dioptrica Nova* : « Les distractions actuelles de notre misérable pays m'ont séparé, moi et mes livres. »

Dans l'introduction, Molyneux a souligné que jusqu'alors il n'y avait rien d'écrit en langue anglaise sur cette partie des mathématiques et, dit-il, « je suis sûr qu'il y a beaucoup de chefs ingénieux, de grands géomètres et de maîtres en mathématiques, qui ne sont pas si bien versé en latin. Et Molyneux avait certainement raison, car l'usage des langues modernes était en constante expansion à cette époque.

Molyneux avait peu d'estime pour Zahn, qu'il qualifiait de « transcripteur aveugle des autres » et affirmait qu'il copiait les erreurs de de Chales.

Une première section du livre était « Sur la représentation des objets extérieurs dans une chambre noire ; » par un verre convexe. Il s'agissait d'une version modifiée de la caméra naturelle, soigneusement établie pour la première fois par Léonard de Vinci et remontant à Roger Bacon.

Molyneux a consacré une section entière à « L'explication de la lanterne magique , parfois appelée Lanterna » . Megalographica » (ce dernier était l'un des noms que Kircher lui a donné). Molyneux a décrit scientifiquement un bon modèle comportant une lanterne en métal et des lentilles réglables. Il a expliqué que les images à montrer étaient peintes avec des couleurs transparentes sur des morceaux de verre mince qui étaient inversés et placés dans le projecteur. Son commentaire sur le type d'image est amusant : « Il s'agit généralement d'une représentation ridicule ou effrayante, destinée à divertir les spectateurs. » Les images « d'horreur » – et les comédies – sont nées des siècles avant Hollywood.

Les lentilles de focalisation, les miroirs en verre et concaves, les réglages de la mise au point de l'image et la projection du projecteur à l'écran ont également été abordés.

Cependant, Molyneux souhaitait s'en tenir strictement au côté scientifique et érudit en disant : « Quant aux dispositifs mécaniques de cette lanterne, à la proportion la plus pratique du verre, etc., c'est si courant parmi les broyeurs de verre courants qu'il est inutile d'insister. plus loin à cet endroit. Il me suffit d'en avoir expliqué la théorie.

À la fin du volume, il y avait une publicité – il était noté que tous les instruments mentionnés « sont fabriqués et vendus par John Yarwell à Archimedes et Three Golden Prospects, près de la grande porte nord du cimetière de l'église Saint-Paul : Londres. » Cela fait de John Yarwell le premier revendeur commercial enregistré dans la science des ombres magiques.

Outre Schott, Milliet de Chales, Zahn et Molyneux, de nombreux forains ambulants comme Walgenstein le Danois introduisirent la lanterne magique et ses spectacles d'ombres magiques dans les grandes villes et petits hameaux d'Europe. Certains étaient des artistes professionnels, acceptant le projecteur comme un nouvel appareil ; d'autres étaient des « vagabonds et des imposteurs

», du type condamné par Kircher. Ce groupe ne reconnaissait aucune loi et copiait et s'appropriait le projecteur de lanterne magique chaque fois que l'occasion se présentait. Il n'y avait aucun droit d'auteur ou autre protection pour les restreindre. Au début du XVIIIe siècle, la lanterne magique était monnaie courante et de nombreux hommes maîtrisaient son utilisation.

VIII
MUSSCHENBROEK ET MOUVEMENT

Des ombres magiques se déplacent dans le projecteur de Musschenbroek , un Hollandais - La quête du vrai « cinéma » continue - L'abbé Nollet fait tourner une toupie - Les spectacles de lanternes à Paris et à Londres deviennent spectaculaires.

PEU DE TEMPS après la mort de Kircher, son projecteur de lanterne magique était utilisé partout en Europe, mais l'appareil ne faisait pas tout ce qu'on souhaitait. L'objectif du cinéma était encore proche. Pieter van Musschenbroek (1692-1761), philosophe naturel et mathématicien néerlandais, fut le premier à simuler avec succès le mouvement à l'aide d'un projecteur et de lames de verre.

Les effets de mouvement produits sur l'écran grâce au système développé par Musschenbroek étaient rudimentaires mais des progrès ont été réalisés. Il existe également d'autres preuves concrètes que le besoin primitif du premier peintre de recréer la nature avec toute sa vie et son mouvement était toujours puissant et n'avait pas été oublié.

Auparavant, Zahn, comme nous l'avons vu, montait une série de lames de verre sur un disque circulaire qui pouvait tourner devant l'objectif du projecteur. Mais là, la méthode ne garantissait en réalité que des changements rapides d'une image fixe à une autre. Au tout début, Kircher a également eu l'idée du disque et, dans d'autres modèles de sa lanterne, il a disposé les lames de verre sur un long panneau afin que les vues successives puissent être changées rapidement.

Musschenbroek , travaillant en Hollande au début du XVIIIe siècle, a obtenu son effet de mouvement en plaçant deux panneaux de diapositives dans la même lanterne pour une projection simultanée. Une diapositive était fixe et représentait généralement l'arrière-plan ; l'autre était mobile et était mis en mouvement au moyen d'une corde. Avec un manipulateur habile, les effets étaient certainement merveilleux – pour cette période.

Le projecteur de lanterne magique à mouvement a été développé comme passe-temps par Musschenbroek , qui n'était pas conscient de son importance jusqu'à ce qu'il reçoive la visite en 1736 du scientifique français, ou plus précisément du vulgarisateur scientifique, l'abbé Nollet (1700-1770).

L'abbé Nollet correspondait avec des scientifiques du monde entier et son salon à Paris était rempli chaque soir de scientifiques français et invités et des parasites des grands. Pendant son séjour en Hollande, Nollet visite Musschenbroek . Un soir, après un agréable dîner et une conversation sérieuse sur des sujets pédagogiques et scientifiques, l'hôte, Musschenbroek , proposa un peu de divertissement. Il a peut-être dit à son distingué visiteur français : « J'ai une surprise pour vous. Je vais vous montrer quelque chose d'inconnu encore dans votre sage Paris. Il est certain que la curiosité de l'abbé Nollet était éveillée et qu'il attendait avec impatience la démonstration. C'était ce genre de personne : avide de tout nouveau développement ou application scientifique.

de Musschenbroek ce soir-là en Hollande comprenait, selon l'abbé Nollet, des vues à la lanterne magique d'un moulin à vent dont les bras tournaient – merveille des merveilles ! Également une dame s'inclinant alors qu'elle marchait dans la rue. Et un cavalier enlevant son chapeau par courtoisie. Cela semblerait prouver que Musschenbroek , le scientifique sérieux, avait tenté, dans ses moments d'inactivité, de créer le premier film « garçon-rencontre-fille ».

La lanterne magique à mouvement selon la description de Musschenbroek fut rapportée à Paris par Nollet qui commença sa popularisation. Le système s'est répandu à la suite de la publication d'un livre, *Nouvelles Récréations Physiques et Mathématiques* , de l'abbé Guyot qui a connu plusieurs éditions à Paris et a été traduit et publié également dans au moins deux éditions en Angleterre par W. Hooper, MD sous la direction de titre, *Récréations rationnelles dans lesquelles les principes des nombres et de la philosophie naturelle sont clairement et copieusement élucidés, par une série d'expériences faciles, divertissantes et intéressantes* . Hooper a même copié les planches du livre français de Guyot.

Les projections de la lanterne magique, disait-on, « peuvent être rendues bien plus amusantes et en même temps plus merveilleuses, en préparant des figures auxquelles on peut donner différents mouvements naturels, que chacun peut exécuter selon son goût ; soit par des mouvements dans les figures elles-mêmes, soit en peignant le sujet sur deux verres, et en les faisant passer en même temps dans la rainure (de la lanterne). Guyot-Hooper a noté que dans l'ouvrage de Musschenbroek Il existe de nombreuses méthodes pour exécuter tous ces mouvements, « au moyen de quelques artifices mécaniques qui ne sont pas difficiles à exécuter » .

Une illustration du système Musschenbroek a été donnée. Le sujet cherchait à décrire comment « représenter une tempête par la lanterne magique ».

Sur l'un de ces verres vous peindrez l'aspect de la mer, depuis la moindre agitation jusqu'au plus violent tumulte. Observez que ces représentations ne doivent pas être distinctes, mais se confondre, afin qu'elles puissent former une gradation naturelle ; rappelez-vous aussi qu'une grande partie de l'effet dépend de la perfection de la peinture et de l'aspect pittoresque du dessin.

Sur l'autre verre, vous peindrez des vases de formes et de dimensions différentes, et dans des directions différentes, ainsi que l'apparition de nuages dans les parties tempétueuses.

Des consignes précises ont été fixées pour ce premier effet tempête « cinématographique » :

Vous passerez alors lentement le verre représentant la mer à travers la rainure, et lorsque vous arriverez à l'endroit où commence la tempête, vous devrez déplacer doucement le verre de haut en bas, ce qui lui donnera l'apparence d'une mer qui commence à se lever. être agité; et ainsi augmentez le mouvement jusqu'à ce que vous arriviez au plus fort de la tempête. En même temps vous introduirez l'autre verre avec les navires, et en vous déplaçant de la même manière, vous aurez une représentation naturelle de la mer et des navires dans le calme et dans la tempête. À mesure que vous reculez lentement les lunettes, la tempête semblera s'apaiser, le ciel s'éclaircira et les navires glisseront doucement sur les vagues.

Avec Musschenbroek, les ombres magiques commencèrent à avoir un véritable mouvement et l'effet sur le public fut par conséquent bien plus grand. Le projecteur de Kircher grandissait.

Dans le livre de Guyot-Hooper, il était également noté : « Au moyen de deux verres ainsi disposés, vous pourrez représenter une bataille, ou un combat naval, et une infinité d'autres sujets, que chacun composera selon son goût. Ils peuvent également représenter une action remarquable ou ridicule entre différentes personnes, et bien d'autres divertissements qu'une imagination vive suggérera facilement.

Des détails complets ont été donnés pour un « théâtre magique » dans lequel des jeux d'ombres magiques réguliers pourraient être présentés. Une lanterne élaborée avec un certain nombre de rainures pour les diapositives a été proposée. Les nuages, les palais des dieux et autres furent tombés d'en haut ; les grottes et les lieux infernaux s'élevaient d'en bas ; et des palais terrestres, des jardins, des personnages, etc. entraient de chaque côté – le tout, bien sûr, sur des lames de verre. La projection était assurée par une lampe à une douzaine de flammes. A titre d'illustration, une pièce de théâtre basée sur le siège de Troie a été suggérée. Les diapositives comprenaient les éléments suivants : les murs de Troie, le camp grec, l'atmosphère de fond, les troupes grecques et troyennes, les navires, le cheval de bois, les palais et les maisons, le temple de Pallas, le feu et la fumée pour l'incendie, les personnages individuels, etc. des instructions ont été données pour un jeu d'ombres magiques complet en cinq actes. C'était sûrement l'un des premiers scénarios cinématographiques, sinon le premier. L'écran mesurait alors environ trois pieds de large.

Musschenbroek , en plus d'être le premier à avoir introduit un mouvement efficace, bien que très artificiel, dans le divertissement et l'enseignement de la lumière et des ombres, serait le premier homme à créer l'illusion de la lumière blanche en faisant tourner très rapidement un disque peint de sept couleurs. . Cet effet devait être aussi magique pour l'abbé Nollet que ses images « émouvantes ». Cela indique également que des progrès considérables ont été réalisés dans la connaissance de la vision et des moyens de créer des illusions d'optique, sur lesquelles repose le principe du cinéma.

Comme beaucoup d'autres hommes dans cette histoire, Musschenbroek couvrait tout le domaine de la science. Il étudie notre vieil ami, la *chambre noire* , les miroirs, les prismes, l'œil, le microscope sous toutes ses formes, les vents, les trombes marines, le magnétisme, les tubes capillaires, la taille de la terre, les machines sonores et pneumatiques. Il est facile de déterminer, à partir de cette liste d'études sérieuses, que la projection d'ombres mobiles de Musschenbroek était la forme la plus pure d'une vocation.

L'abbé Nollet, qui a contribué à introduire la nouvelle lanterne magique à mouvement de Musschenbroek , n'est crédité d'aucune grande découverte scientifique dans aucun domaine, mais il a servi de centre d'échange de connaissances scientifiques à son époque. Il a beaucoup voyagé, en Italie et en Angleterre ainsi qu'en Hollande.

En ce qui concerne ce conte, le nom de Nollet est significatif, après avoir contribué à faire connaître l' appareil de Musschenbroek , par le fait qu'il a également popularisé un petit jouet très simple : « La toupie éblouissante ou tourbillonnante ».

Ce petit jouet d'enfant a permis de stimuler l'étude de la persistance de la vision et a permis une meilleure compréhension du mouvement. Cela a permis, en un demi-siècle, d'apprendre un moyen de recréer de véritables effets de mouvement. Vers 1760, Nollet développa le plateau qui, bien qu'il ne s'agisse que d'un simple contour, apparaît comme un objet solide lorsqu'il est tourné rapidement. Nollet a également décrit l'utilisation de la *camera obscura* et des différents types de lanternes à des fins de divertissement et d'enseignement.

Benjamin Franklin (1706-1790), célèbre homme d'État, écrivain et scientifique américain, correspondait avec l'abbé Nollet. Franklin, bien qu'en désaccord avec Nollet sur l'électricité, l'admirait, le qualifiant de « expérimentateur compétent ». Nollet s'étonnait que la science, manifestée par la publication de certains ouvrages de Franklin à Paris, puisse venir d'Amérique. Il crut d' abord que ses ennemis à Paris avaient falsifié les journaux pour le mettre dans l'embarras. Franklin n'a apporté aucune contribution directe à la science artistique des ombres magiques, mais avait une remarque pertinente à faire sur le médium – la lumière elle-même – qui est presque aussi vraie aujourd'hui que lorsqu'il l'écrivit en 1752 pour un article lu à la Royal Society de Londres. : «Je dois admettre que je suis beaucoup dans le noir en ce qui concerne la lumière», a-t-il déclaré.

IX
PHANTASMAGORIE

Des lanternes magiques montées sur roues et des images projetées sur des écrans de fumée créent des jeux d'ombres fantômes – Robertson « ressuscite » Louis XVI – Théâtre Robert Houdin, Paris, 1845, Polytechnic Institution, Londres, 1848 et l'Armée nazie, 1940 – tous utilisent des ombres magiques pour le surnaturel. effets.

LE MOT FARFELU , Phantasmagoria, désigne un certain type de spectacle d'ombre et de lumière populaire immédiatement après la Révolution française. Cela a marqué un retour en arrière définitif dans l'histoire des ombres magiques. Il s'agissait essentiellement d'une renaissance de la magie noire médiévale ou de l'utilisation nécromantique de la lumière et de l'ombre pour tromper, tromper et maintenir tout le monde « dans l'ignorance de la lumière ».

La fantasmagorie est l'illusion de la lanterne magique associée au fait de faire apparaître des fantasmes devant un public. La seule contribution à l'art-science est qu'elle a créé une illusion de mouvement grâce à de nouveaux moyens consistant à déplacer le projecteur au lieu des diapositives ou du film.

La lanterne magique Phantasmagoria était montée sur rouleaux et la lentille était réglable de manière à ce que les fantômes semblent grandir, diminuer et se déplacer. Certains effets de dissolution ont également été produits. Pour Phantasmagoria, les images – généralement des fantômes – n'étaient pas projetées sur un écran mais sur de la fumée, un facteur qui contribuait naturellement aux effets étranges.

La fantasmagorie était la plus populaire à Paris à la fin des années 1790, probablement comme une sorte de réaction psychologique aux horreurs de la Révolution française. Les hommes et les femmes de l'époque accordaient beaucoup d'importance à la mort, aux fantômes, etc.

L'idée de base pour combiner avec succès les illusions de mouvement avec la lanterne magique remonte directement à Musschenbroek . L'utilisation de la fumée comme écran remonte aux anciens praticiens de la supercherie de la lumière et de l'ombre.

Guyot a montré, à petite échelle, comment des illusions fantômes peuvent être projetées sur de la fumée. Il a noté : « Il est remarquable dans cette représentation que le mouvement de la fumée ne change en rien les personnages, qui paraissent si visibles que le spectateur croit pouvoir les saisir avec sa main. »

Ces appareils étaient destinés avant tout à un simple divertissement à une échelle privée ou semi-privée.

La renommée accordée à Alessandro Conte di Cagliostro (1743-1795) est une indication de l'état d'esprit des Européens de l'époque. Cet homme, dont le véritable nom était Giuseppe Balsamo, était connu dans toute l'Europe à la fin du XVIIIe siècle. Thomas Carlyle a écrit à son sujet sous le titre « Comte Cagliostro ». Il a utilisé toutes sortes de moyens trompeurs et a été emprisonné en France, en Angleterre et dans son Italie natale où il est mort.

La magie noire de Cagliostro, les images fantasmatiques et un troisième facteur, les jeux d'ombres, devaient être combinés pour créer la fantasmagorie.

On a déjà mentionné les jeux d'ombres chinois utilisés en Extrême-Orient depuis des milliers d'années. Vers le milieu du XVIIIe siècle, les jeux d'ombres étaient très populaires en Allemagne. Les ombres étaient utilisées pour représenter l'action. Le public était assis devant un écran translucide sur lequel étaient projetées, au moyen d'une forte source lumineuse, les ombres des différents acteurs ou objets. Dans certains arrangements, une lanterne magique ordinaire serait également utilisée, projetant, depuis devant l'écran, le décor de fond ou des effets de nuages et de ciel.

On attribue à un forain nommé François Séraphin l'introduction des Jeux d' *Ombres Chinoises* en France en 1772. Il en a eu l'idée lors de ses voyages en Italie. Puis le divertissement fantôme a reçu sa « première soirée » française au château de Versailles. Les jeux d'ombres et de lumière étaient très populaires à la cour royale, notamment auprès des enfants. En 1784, Séraphin décida que le divertissement était prêt à être introduit sur une base populaire – la tendance de l'époque pourrait bien avoir influencé sa décision.

Le théâtre d'ombres de Séraphin fut transféré de Versailles au Palais-Royal et sa popularité perdura un temps. Le divertissement des ombres était pratiqué par les membres de la même famille jusqu'au milieu du 19e siècle, lorsqu'on tenta de regagner en popularité en utilisant des marionnettes. D'autres jeux d'ombres ont continué à attirer le public à Paris jusqu'à la fin du XIXe siècle, lorsque les dispositifs pré-cinématographiques sont devenus populaires.

La fantasmagorie atteint son apogée sous un personnage extraordinaire : Etienne Gaspard Robert (1763-1837), belge et pratiquant d'une multitude de métiers et de loisirs. Robert, pour une raison quelconque, s'appelait Robertson. Robertson a commencé sa vie sur des bases assez sérieuses et est devenu avec le temps professeur de physique dans sa ville natale de Liège .

Robertson raconte dans ses mémoires comment il est tombé sur les œuvres de Kircher, Schott et bien d'autres qui, selon lui, pratiquaient la magie. Il fit des études d'optique et, vers 1784, exposa en Hollande, où il se trouvait à l'époque, une lanterne magique améliorée. Il fut grandement influencé par les résultats de Musschenbroek et le succès des Théâtres d'Ombres à Versailles. Les personnages de Robertson étaient des fantômes. Il a commenté : « les encouragements que j'ai reçus m'ont poussé à essayer d'améliorer mes méthodes ». De plus en plus de personnes étaient attirées par les expositions de Robertson en Hollande et finalement même le bourgmestre y assista.

A Paris, Robertson perfectionna ses connaissances sur la lanterne magique. Il y rencontre Jacques Alexandre César Charles, qui utilisait une lanterne à des fins scientifiques dans son laboratoire du Louvre. Robertson cherchait une source de lumière plus brillante pour la lanterne et persistait dans sa quête même si Charles aurait tenté de le décourager en soulignant que beaucoup d'argent avait été dépensé en vain pour ce projet.

Au moment de la Révolution, Robertson présenta au gouvernement un plan qui l'autoriserait à construire un immense miroir brûlant, comme l'avait fait Archimède, afin de pouvoir détruire toute flotte anglaise attaquante avant qu'elle ne puisse atteindre la « côte d'invasion ». Aucune suite n'a été donnée à la proposition. De nos jours, les Anglais étaient prêts à brûler toute flotte d'invasion nazie qui partait de France – non pas en brûlant des verres mais en utilisant des dispositifs tout aussi étonnants.

Après la Révolution, pendant les jours orageux de la première République française, Robertson tient des « séances » au Pavillon de l'Echiquier . Un projecteur monté sur roulettes a été utilisé. Un brevet sur l'appareil sous le nom de Fantascope ou Phantoscope a été obtenu le 29 mars 1799.

Les personnages ou fantômes de Robertson qui semblaient grandir et disparaître sur l'écran de fumée étaient généralement des héros tels que Voltaire, Rousseau, Marat et Lavoisier. À la fin de chaque représentation, un squelette apparaissait et Robertson faisait remarquer que tel était le sort qui attendait chacun dans le public. Divertissement sinistre!

Artiste intelligent, Robertson possédait une grande collection de diapositives et faisait appel à son public – qui ne savait jamais vraiment s'il devait croire ou non qu'il était de mèche avec le diable et faisait apparaître les fantômes – pour demander le fantôme qu'il souhaitait. Vous pouvez imaginer l'effet produit lorsqu'un Français a appelé Marat, puis, petite au début et grandissant progressivement jusqu'à atteindre une taille réelle et plus, une image sombre et reconnaissable de Marat est apparue.

Cette partie « demande » du programme a causé des problèmes à Robertson. Un soir, un spectateur qui avait bu quelques gorgées de vin supplémentaires, ou qui était terrifié plus que les autres, réclama le retour du fantôme de Louis XVI. C'était trop. Les autorités ont fermé le théâtre et ont refusé d'accorder à

Robertson la permission de poursuivre ses « séances ». Ils ne voulaient même pas que le fantôme de Louis revienne. La censure politique du divertissement sur écran avait fait sa première apparition.

Robertson se rend à Bordeaux pour s'assurer que lui-même ne rejoint pas prématurément Louis et ses autres fantômes.

Plus tard, il put revenir à Paris et ouvrir un autre théâtre près de la place Vendôme . C'était un auditorium particulièrement surprenant. Il a utilisé une chapelle abandonnée d'un monastère capucin. Les fantômes de lumière et d'ombre de Robertson prirent vie parmi les restes mortels d'anciens moines. (Le lecteur connaît peut-être l'ancienne coutume capucine consistant à utiliser les os des membres décédés de l'ordre dans le cadre de l'ornement de leurs chapelles, en guise de rappel constant de la mort.)

Même si Robertson avait admis que depuis son enfance il s'intéressait le plus aux choses merveilleuses, il en avait assez de sa magie. Ensuite, nous entendons parler de lui, c'est un aérostier pionnier, à qui on attribue l'invention de l'un des premiers parachutes ! Le 18 juillet 1803, il réalise une ascension notable en ballon.

En 1845, fut ouvert à Paris un théâtre qui devait jouer un rôle dans l'histoire de l'ombre et de la lumière. Il porte le nom de son propriétaire et interprète principal, le Théâtre Robert Houdin. Houdin, du nom duquel Harry Houdini du 20ème siècle s'est donné son nom, pratiquait toutes sortes de trucs et d'illusions merveilleuses. Il utilise des effets fantasmagoriques et le public français afflue vers les spectacles. Vers la fin du siècle, Emile Reynaud reprend le Théâtre Robert Houdin et présente les meilleurs jeux d'ombres magiques avant l'introduction du cinéma lui-même.

Au milieu du siècle, l'Institution Polytechnique de Londres attirait de grandes foules avec des spectacles de lanternes magiques. Les fantômes ont été créés à la Robertson et aux méthodes fantasmagoriques. Des divertissements réguliers ont également été proposés avec des histoires de lanternes magiques telles que *le Chat Botté* et des versions des *Voyages de Gulliver de Swift* et *de L'Histoire de la baignoire* . Jusqu'à une demi-douzaine de lanternes magiques seraient utilisées pour créer des scènes impressionnantes, telles que des batailles.

De nos jours, des tentatives ont été faites pour utiliser les effets fantasmagoriques pour effrayer et tromper. Un exemple intéressant est contenu dans la dépêche suivante de l'Associated Press, qui raconte comment les nazis ont tenté de faire croire aux soldats anglais que le Ciel les suppliait d'abandonner la guerre :

Paris, 15 février (1940) (AP) — Des articles de presse du secteur du front occupé par les Britanniques rapportent aujourd'hui que Tommies , qui occupait un avant-poste pendant la nuit, a soudainement vu une image de la Vierge Marie apparaître dans les nuages, les bras tendus. prière.

Le commandant envoya une patrouille qui revint avec l'information que les Allemands projetaient l'image depuis une machine au sol.

La fantasmagorie n'est pas encore morte. La télévision pourrait même accroître les possibilités de ce type de détournement d'ombres magiques.

XDR
. LE JOUET DE PARIS

Un médecin anglais, le Dr Paris, invente le Thaumatrope, un appareil simple qui crée l'illusion du mouvement en plaçant une partie d'une image sur une face d'un disque et l'autre sur l'autre face : instrument scientifique et jouet d'enfant.

DURANT LA période qui suivit la défaite de Napoléon à Waterloo, apparut, d'abord à Londres, puis à Paris et ailleurs, un petit jouet en carton qui était à la fois un jouet d'enfant et une curiosité scientifique qui illustrait de manière saisissante l'illusion de la persistance de la vision. Ce jouet était le Thaumatrope.

Le nom Thaumatrope signifie « faiseur de merveilles » (un mot qui rappelle l'un des titres de Kircher pour l'art de la projection d'ombres magiques – *thaumaturga*). Le Thaumatrope est un petit disque avec une image sur la face et une autre au dos. Deux fils courts ou morceaux de chaîne sont attachés au disque. Les effets du Thaumatrope sont observés en faisant tournoyer le disque. L'œil, comme dans le cas des films animés, ne distingue pas les images séparées de chaque côté du disque mais seulement l'impression unique et combinée.

Une variante du Thaumatrope, cependant, se rapprochait encore plus de l'idée cinématographique : les deux extrémités de la corde n'étaient pas placées l'une en face de l'autre, ce qui entraînait un mouvement irrégulier et une illusion supplémentaire.

John Ayrton Paris (1785-1856), médecin anglais, est celui qui revendique le mieux l'invention du thaumatrope. C'est en tout cas lui qui est responsable de la popularité de ce jouet scientifique. Paris était un médecin habile, particulièrement connu pour son talent à juger de la santé de ses patients par leur apparence générale. Il s'intéressait à des affaires allant bien au-delà de sa profession médicale et était respecté en tant que causeur dont les discours animaient de nombreuses soirées de salon à Londres. Un esprit vif et une grande mémoire, même dans les moindres détails, furent des qualités qui contribuèrent à faire de Paris un charmant compagnon.

Pour les loisirs, Paris a écrit un « roman » intitulé « *Philosophy in Sport Made Science in Earnest* » *; étant une tentative d'illustrer les premiers principes de la philosophie naturelle à l'aide des jouets et des sports populaires* . L'ouvrage a été publié en trois petits volumes, conformément à la coutume du XIXe siècle selon laquelle chaque roman doit être publié en trois volumes. Paris a utilisé un fil conducteur comme cadre sur lequel construire les différentes illustrations scientifiques. Le livre *Philosophy in Sport* montre l'influence du romancierhumoriste Thomas Love Peacock. Il était dédié à la romancière Maria Edgeworth.

L'œuvre de Paris fut publiée de manière anonyme en 1827 et fut un « best-seller » tout au long de sa vie. Sur son lit de mort en 1856, il était occupé à réviser les épreuves de la 8e édition.

La première partie du troisième volume traitait du Thaumatrope et Paris informait ses lecteurs qu'elle pouvait être obtenue « chez M. William Phillip's, George Yard, Lombard Street, l'éditeur ». Paris poursuivit : « Nous mentionnons cette circonstance pour prémunir le lecteur contre ces imitations inférieures qui se vendent dans les magasins de Londres. » George Cruikshank, 1792-1878, illustrateur talentueux, qui a travaillé sur les livres de Scott et Dickens, a réalisé certains des dessins du Thaumatrope de Paris.

Paris a introduit le Thaumatrope au milieu d'un grand nombre de jeux de mots peut-être très drôles à son époque.

A peine M. Seymour eut-il mis la carte en mouvement que le vicaire, d'un ton de la plus grande surprise, s'écria : « Magique ! La magie! Je déclare que le rat est dans la cage !!

« Et quelle est la devise ? demanda Louise.

"Pourquoi ce rat ressemble-t-il à un député de l'opposition à la Chambre des communes, qui rejoint le ministère ?" répondit M. Seymour.

"Ha, ha, ha... excellent", s'écria le major en lisant la réponse suivante : "car en se *retournant*, il gagne une place confortable, mais cesse d'être libre."

"Montrez-nous une autre carte", dit Tom avec empressement.

« Voici donc une boîte à montre ; quand je le retournerai, vous verrez le gardien dormir confortablement à son poste.

"Très bien! C'est très surprenant», a observé le curé.

« Oui », observa le major ; « et pour continuer votre plaisanterie politique, on dira que, comme la plupart des dignes qui accèdent à un poste, en se retournant, il dort de son devoir.

Une épigramme, accompagnant une carte Thaumatrope, faisait référence aux activités récentes de Napoléon :

La tête, les jambes et les bras apparaissent seuls ;

Notez que personne n'est là :

À la manière de Napoléon, j'entreprends

De personne à faire un roi.

Paris, en tant qu'inventeur du Thaumatrope, ne pouvait échapper à la tentation d'entendre un petit discours de l'inventeur anonyme lui-même : « L'inventeur anticipe avec confiance la faveur et le patronage d'un public éclairé et libéral, sur l'assurance bien fondée qu'on un bon coup en mérite un autre » ; et il espère que sa découverte pourra fournir l'heureux moyen de redonner une activité à un esprit qui a été longtemps stationnaire ; de révolutionner le système actuel des plaisanteries debout, et de mettre en circulation rapide les *bons mots les plus appréciés* .

Le Thaumatrope était annoncé de la manière suivante :

Le Thaumatrope
étant tour à tour des rondes d'amusement ou comment plaire et surprendre.

À travers les personnages de son « roman », Paris commente alors l'illusion de la persistance de la vision qui fait du Thaumatrope (et du cinéma) une réalité. Il parla de la flamme tourbillonnante qui semblait former un cercle ; la référence d'Homère à la lance « à longue ombre » ; et la queue d'une fusée.

Paris a également décrit un modèle amélioré du Thaumatrope. Dans ce dispositif à carte, un disque central peut passer d'une position à une autre pendant que l'ensemble tourne. Dans une illustration, un jockey était d'un côté et un cheval de l'autre. En resserrant les ficelles pendant que la carte tournait, le jockey semblait tomber sur l'encolure du cheval. Dans une autre, un jongleur indien était représenté comme utilisant deux, puis trois et enfin quatre balles. D'autres illusions indiquées étaient celles d'un marin ramant sur un bateau, « d'un dandy faisant un arc ». Par les mots du vicaire, Paris prévint alors : « J'espère qu'au milieu de toutes vos améliorations (dans le Thaumatrope), vous garderez toujours en vue votre premier et le plus louable dessein, celui de le soumettre à l'illustration classique. »

Il est certain que Paris a développé le Thaumatrope, d'abord, pour illustrer scientifiquement la persistance de la vision, peut-être pour mieux expliquer le phénomène à l'un de ses patients ou étudiants. Mais étant un homme intelligent, il comprit immédiatement sa valeur commerciale et fit fabriquer et vendre des jeux de cartes à Londres. Sans aucun doute, le chapitre de son livre sur le Thaumatrope a beaucoup contribué à augmenter la vente des jouets.

David Brewster (1781-1868), scientifique écossais dont les travaux sur la polarisation de la lumière l'ont amené à inventer, vers 1815, le Kaléidoscope, un instrument optique qui crée et expose par réflexion une variété de magnifiques motifs symétriques dans des couleurs variées, fut le premier pour commenter en version imprimée le Thaumatrope de Paris, un an avant la parution du livre de ce dernier. Dans le quatrième volume de son *Edinburgh Journal,* Brewster écrit, sous la description du Thaumatrope, « un jouet philosophique très ingénieux, inventé, croyons-nous, par le Dr Paris ». Brewster a fait remarquer que les disques circulaires devraient avoir un diamètre de 2½ pouces et que le cordon devrait être en soie. Brewster a décrit les cartes thaumatropes suivantes : un rosier et un pot de jardin, un cheval et un homme, une branche avec et sans feuilles, une femme dans une robe puis une autre, le corps d'un Turc et sa tête, la boîte du gardien et le gardien, Arlequin et Colombine, tête de bande dessinée et perruque, un homme endormi et éveillé, et l'utilisation des cartes pour l'écriture chiffrée. Selon Brewster, « le principe du thaumatrope peut être étendu à de nombreux autres dispositifs ». Il a également commenté les imperfections du jouet résultant de l'effet d'entrave d'une rotation irrégulière. Il a suggéré qu'« un axe de rotation solide est nettement préférable et produira des combinaisons beaucoup plus agréables ».

Brewster lui-même était profondément intéressé par les phénomènes de lumière et de vision. Malgré ses objectifs scientifiques initiaux, son Kaléidoscope était également un jouet populaire. Brewster a breveté le jouet en 1816 mais il a été piraté. Quelque 200 000 exemplaires ont été vendus en trois mois. Dans son *Traité sur le Kaléidoscope* , 1819, Brewster raconte qu'il a été découvert alors qu'il testait les réflexions successives de plaques d'or et d'argent. Il a également noté l'application du kaléidoscope à la lanterne magique de Kircher afin de présenter les effets devant un large public en même temps.

L'invention du Thaumatrope a été attribuée à d'autres que Paris, malgré la lourde autorité de Brewster et du propre livre de Paris. Charles Babbage (1792-1871), scientifique et mathématicien anglais connu pour sa machine à calculer et sa campagne contre le bruit (qui, selon lui, nous volait un quart de notre vie professionnelle), attribua la découverte du thaumatrope à son ami et camarade de classe, John Herschel, l'astronome (1792-1871). Babbage a écrit dans son autobiographie qu'un soir, Herschel a fait tourner un shilling devant un miroir pour que les deux côtés puissent être visibles : l'effet thaumatrope. Le Dr William Fitton, le capitaine Kaster et le Dr William Hyde Wollaston (1766-1828) furent informés de la méthode et divers thaumatropes furent fabriqués, selon Babbage, vers 1818 ou 1819. « Après un certain temps, l'appareil fut oublié . Puis, en 1826, écrit Babbage, lors d'un dîner au Royal Society Club, sous la présidence de Sir Joseph Banks, j'entendis M. Barrow, alors secrétaire de l'Amirauté, parler très fort d'une merveilleuse invention du Dr Paris, le objet dont je ne pouvais pas bien comprendre. Babbage a alors affirmé que c'était son invention. En tout cas, c'est Paris et non Herschel, Fitton, Wollaston ou Babbage qui a popularisé le Thaumatrope.

Notons au passage qu'à l'époque où Paris faisait connaître le Thaumatrope, Babbage réfléchissait aux engins sous-marins : « Un tel vaisseau » (un sous-marin de quatre hommes équipé pour rester 48 heures sous l'eau) « pourrait être propulsé par une hélice et pouvait entrer, sans être suspecté, dans n'importe quel port et placer n'importe quelle quantité de matière explosive sous le fond des navires.

XI
PLATEAU CRÉE DES FILM

Plateau, aveugle pendant la moitié de sa vie, développe des appareils pour montrer le mouvement à partir d'images dessinées à la main, ouvrant ainsi la voie au cinéma moderne. Stampfer invente indépendamment un appareil similaire. La persistance de la vision est étudiée.

PLATEAU, UN scientifique belge devenu aveugle grâce à ses travaux qui ont permis à des millions de personnes dans le monde de voir des films, mérite plus que quiconque le titre de « Père du cinéma ». Tout comme Athanasius Kircher a créé la projection telle que nous la connaissons avec la lanterne magique, c'est à Joseph Antoine Ferdinand Plateau que revient le plus grand mérite d'avoir fait de l'illusion cinématographique une réalité.

Jamais intéressé par les profits personnels, Plateau n'a pas pris la peine de breveter ses machines à images à disques magiques, mais a pris soin de donner des instructions correctes lorsque des imitateurs commerciaux fabriquaient des appareils dépourvus de certains éléments essentiels.

Plateau est né le 14 octobre 1801 à Bruxelles, en Belgique, fils d'un peintre paysagiste et fleuri. Sa mère était l'ancienne Catherine Thirion. Dès son plus jeune âge, Plateau a été formé pour devenir artiste et la nature de ses études et de son travail plus tard dans sa vie indiquait qu'il devait s'être montré très prometteur, car il avait les qualités capricieuses d'un grand artiste. Après ses études élémentaires, son père ne tarde pas à orienter son fils vers les arts en l'envoyant à l'Académie de Design de Bruxelles.

À l'âge de 14 ans, Plateau est devenu orphelin et a été nommé pupille de son oncle maternel. De santé délicate, le jeune Plateau a été envoyé à la campagne pour se remettre du choc de la perte de ses deux parents en deux ans. L'emplacement choisi était près de Waterloo et Plateau dut se réfugier dans les bois pendant dix jours et dix nuits pendant que la bataille faisait rage. Bientôt, les projets que le père de Plateau avait faits pour qu'il étudie l'art furent modifiés. L'oncle était avocat et souhaitait que sa pupille lui succède dans cette profession. Plateau lui-même était manifestement volontaire et persévérant dès son plus jeune âge, car au cours des années suivantes, il étudia à la fois les arts et les sciences. Cela lui permettrait de suivre le souhait de son père, de son oncle ou son propre souhait. Il voulait se lancer dans un nouveau domaine, et c'est ce qu'il a fait.

Des études supérieures se poursuivent au Collège Royal et en 1822, à l'âge de 21 ans, Plateau entre à l'Université de Liège comme candidat à une licence de philosophie et de lettres, ainsi qu'à une licence de sciences. Au fil des années,

Plateau tourna de plus en plus son attention vers la science, notamment les problèmes concernant la couleur, la vision et la perception du mouvement. Mais tout au long de sa vie, il a conservé la plénitude du point de vue d'un homme ayant une formation et des intérêts dans de nombreux domaines, de sorte que son imagination ne s'est jamais émoussée, comme cela arrive parfois dans le cas des spécialistes d'un domaine scientifique restreint. L'art de son père ne l'a jamais quitté.

Pendant ses études de doctorat, Plateau a réalisé ses premiers travaux importants sur la vision et le mouvement qui ont abouti à l'approche scientifique de la première machine cinématographique. Il a étudié les effets visuels de la rotation d'un disque coloré à moitié en jaune et à moitié en bleu.

En 1827, une partie des recherches de Plateau fut publiée dans l'ouvrage de Quetelet. *Correspondance Mathématique et Physique* . Quetelet (1796-1874) fut un pionnier des statistiques et professeur de Plateau au Collège royal, et enseigna également au Musée des Sciences et des Lettres en Belgique. L'année suivante, 1828, Plateau envoya une autre communication à M. Quetelet sur les apparences produites par deux lignes tournant autour d'un point avec un mouvement uniforme. Dans cette lettre, Plateau faisait référence aux travaux de Roget sur la persistance de la vision publiés dans les *Philosophical Transactions* of the Royal Society, Londres, 1824.

Peter Mark Roget (1779-1869), médecin anglais surtout connu pour son *Thésaurus des mots et expressions anglais* , a combiné son travail médical avec son intérêt pour les sciences. Le 9 décembre 1824, il lut, à la Royal Society, un article intitulé « Explication d'une tromperie optique dans l'apparence des rayons d'une roue vue à travers des ouvertures verticales ». Roget souligne que le phénomène a été constaté mais non expliqué par un contributeur anonyme qui a lui-même signé « J. M." dans le *Journal trimestriel* du 1er décembre 1820. « J. M." a commenté la courbure des rayons lorsqu'une roue est en mouvement et est vue à travers une série de barres verticales. Tout le monde a remarqué les étranges rotations des roues d'une automobile lorsqu'on les regarde dans certaines conditions, comme dans le cinéma moderne. « J. M." a souligné que parfois la roue semblait tourner vers l'arrière ; à d'autres moments, en avant et encore une fois, ils semblent s'arrêter. Un clin d'œil d'éloge devrait être accordé à « J. M." (ce ne sont pas les initiales d'aucun des scientifiques anglais les plus connus de l'époque). Dix ans plus tard, le grand Faraday avoua qu'il ne connaissait pas l'identité de cet homme qui avait stimulé ces recherches qui, comme nous le savons aujourd'hui, ont conduit directement aux premiers véritables films réalisés à partir de dessins dessinés à la main.

Roget, en 1824, notait qu'une certaine vitesse et une certaine quantité de lumière étaient nécessaires avant que le « phénomène de roue » ne soit visible : la vitesse du mouvement et la source de lumière vive sont toutes deux nécessaires à l'illusion du film. Roget a déclaré : « Il ressort clairement des faits exposés ci-dessus que la tromperie dans l'apparence des rayons doit provenir du fait que des parties séparées seulement de chaque rayon sont vues au même moment ; les parties restantes étant cachées à la vue par les barreaux » (équivalent aux volets de la machine cinématographique). Roget continua, « de sorte qu'il est évident que les diverses portions d'une même ligne, vues à travers les intervalles des barres, forment sur la rétine les images de tant de rayons différents. » Roget remarqua que l'illusion était la même que lorsqu'un objet brillant tourne en cercle : « une impression faite par un crayon de rayons sur la rétine, si elle est suffisamment vive, persistera pendant un certain temps après que la cause ait cessé. »

Quelques semaines plus tard, le 24 décembre 1824, Roget donne une conférence sur la persistance de la vision des objets en mouvement, phénomène reconnu pour la première fois par les scientifiques antiques.

Plateau écrivait en 1828 ce qui suit :

J'ai fabriqué un instrument au moyen duquel je pouvais produire facilement ces images fixes et je pouvais aussi rendre visible la formation de changements de courbure... en travaillant à mes premières expériences relatives aux sensations, j'ai observé qu'en tournant rapidement un roue dont les dents étaient perpendiculaires à son axe, et en plaçant l'œil à quelque distance du plan de l'axe, on apercevait l'image d'une série de dents parfaitement immobiles ; cela aussi avec deux roues tournant l'une derrière l'autre, avec une vitesse considérable et dans des directions opposées, produisait dans l'œil la sensation d'une roue fixe. J'ai remarqué en outre que, bien que les deux roues ne soient pas concentriques, l'image fixe paraît composée de lignes courbes.

Aujourd'hui, des machines stroboscopiques, basées sur les principes des appareils de Plateau, sont utilisées pour étudier des objets en mouvement. De cette manière, les scientifiques modernes en apprennent davantage sur la nature du mouvement et ses contraintes sur les roues et autres objets.

Plateau reçut le titre de docteur en sciences physiques et mathématiques de l'Université de Liège le 3 juin 1829, alors qu'il avait 28 ans. Sa thèse portait sur « Certaines propriétés des impressions produites par la lumière sur l'organe de la vue ». Il est étrange qu'un article aussi érudit ait eu autant d'influence sur ce que devait être le cinéma moderne.

Les points principaux – tous importants pour la construction du cinéma – de la thèse de Plateau datée du 24 avril 1829 étaient les suivants : Premièrement, la sensation (résultat de l'image présentée à l'œil) doit persister pendant un certain temps pour se former complètement – ce qui laisse clairement entendre que à la nécessité d'un mouvement intermittent pour une machine cinématographique vraiment réussie et pratique. Deuxièmement, les sensations ne disparaissent pas immédiatement mais s'estompent progressivement – ce qui rend le cinéma possible. Si chaque image disparaissait d'un seul coup, seules les images fixes individuelles seraient reconnues. L'atténuation progressive permet la fusion d'une image avec la suivante, ce qui entraîne une apparence de mouvement. Le troisième point abordé était l'effet relatif des différentes couleurs sur l'œil. Plateau a conclu que l'intensité des couleurs principales diminuait du blanc, du jaune, du rouge et du bleu, dans cet ordre. Il a également annoncé des résultats de perception de différentes couleurs sous différents angles, des études réalisées à l'ombre et à la lumière. Il a en outre été souligné que deux couleurs – comme deux images – modifiées rapidement ne donnent lieu qu'à une seule sensation ou image.

Après avoir obtenu son doctorat à l'Université, Plateau enseigne au Collège Royal de Liège tout en poursuivant ses recherches sur la vision et les questions connexes.

Annuaire , L'Académie de Belgique, 1885

JOSEPH PLATEAU a sacrifié sa propre vue pour permettre aux autres de voir des images en mouvement.

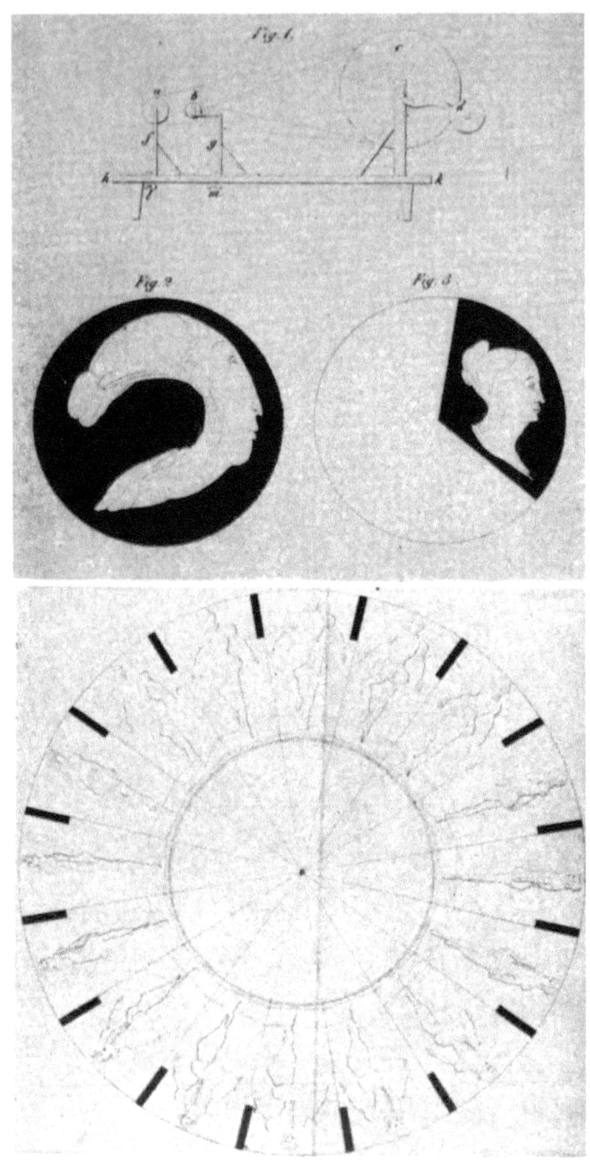

Correspondance Mathématique , 1829-1833

LE premier véritable appareil cinématographique de PLATEAU, illustré ci-dessus, voir page 89 . Ci-dessous, le Phénakisticope avec lequel une seule personne pouvait voir des images en mouvement.

La première machine créant l'illusion du mouvement à partir d'une série de dessins a été décrite par Plateau dans une lettre à Quetelet datée de Liège , le 5 décembre 1829, sous le titre scientifique « Différentes expériences optiques ». (*Relatif à différents expériences d'optique* .) Un instrument similaire avait déjà été mentionné par Plateau dans son article rédigé l'année précédente. Bien que l'appareil fabriqué par Plateau en 1828 et décrit dans l'article de 1829 ait suivi plusieurs années plus tard l'introduction du Thaumatrope, il est considéré comme la première machine cinématographique car le Thaumatrope n'était en réalité qu'un jouet scientifique, comme l'appelait Paris.

Plateau a illustré sa lettre décrivant son instrument en écrivant à Quetelet en réponse à une enquête. Le dessin (<u>page ci-contre</u>) de Plateau montre que, bien que scientifique, il n'a jamais oublié sa première formation et était en quelque sorte un artiste. Les principes de sa machine pourraient être illustrés par des dessins de lignes et autres figures géométriques, mais Plateau choisit une tête de femme.

Plateau décrit ainsi son instrument :

Deux petites poulies de cuivre, (a) et (b), entraînent au moyen d'une corde sans fin une grande roue de bois, (c), qui a une double rainure ; les diamètres des petites poulies sont tels que les deux cordes sont également tendues et le système est mis en mouvement au moyen de la poignée, (d), la vitesse d'une poulie étant un multiple exact de l'autre ; les axes se terminent en forme d'étau et sont divisés de telle manière que vous puissiez y attacher par de petites vis les dessins ou cartons avec lesquels vous désirez expérimenter. Les poulies sont maintenues par des supports en fer (f) et (g), qui coulissent dans deux rainures pratiquement parallèles au support ou base (hk), et sont maintenues en position au moyen de vis à oreilles.

Les lignes ou dessins à étudier sont montés sur les deux poulies. La machine est de telle nature, souligne Plateau, que les dessins peuvent être facilement modifiés, les vitesses relatives des deux roues (dont une servant de volet lorsque des dessins sont utilisés) peuvent être réglées, l'alignement peut être réajusté et en croisant les cordes les disques peuvent être amenés à tourner dans des sens opposés.

Plateau a poursuivi en expliquant que lorsque la vitesse sur un disque n'est pas un multiple exact de l' autre , ils ne conservent pas les mêmes positions relatives après rotation.

Une image différente est produite à chaque tour et l'œil, au lieu de voir une ligne (ou image) fixe, ne voit qu'une succession rapide de lignes (ou images) différentes ; cependant , si le plus rapide n'est guère plus qu'un multiple de l'autre, la différence est très petite, de sorte que l'œil ne peut pas distinguer l'un de l'autre. Dans ce cas, le spectacle semblera changer petit à petit....

Il y a là le germe du cinéma, véritable instrument qui fait bouger les images.

Le schéma illustre un modèle dans lequel « une image parfaitement régulière est produite à partir d'une figure déformée » tournant à une vitesse proportionnelle à la distorsion derrière le disque obturateur.

Plateau a souligné que la figure déformée peut être peinte en noir et tourner devant une surface blanche, ou être blanche et tourner derrière une fente percée dans un disque noir. Il a dit : « Cette dernière méthode est préférable à l'autre parce qu'elle donne une image plus réaliste... » C'est bien sûr la qualité recherchée dans toutes les représentations dramatiques : des images vivantes réalistes.

"Pour cet effet", a-t-il expliqué, "vous dessinez la figure déformée sur du papier blanc transparent et peignez l'espace environnant avec un noir très opaque, puis faites l'expérience avec soin et placez une forte lumière derrière le papier."

Dans l'exemple représenté sur le dessin, les deux disques, montés l'un derrière l'autre, tournent dans un sens opposé, le mouvement de la figure déformée est le double de celui de l'obturateur et l'effet produit est celui de l'image régulière représentée sur la figure 3. .

Plateau a alors fait remarquer : « La construction de ces images est très simple. » Il a donné la méthode et un exemple. « Pendant que l'obturateur fera un tiers de tour, tous les points du cercle portant la figure déformée seront présents derrière lui et par conséquent il produira une image complète régulière. Puis pendant la deuxième et la troisième partie de la révolution de l'obturateur, il pourra se former en deuxième et troisième images ressemblant à la première. Ce sont les mots utilisés par Plateau pour expliquer la nature du fonctionnement de la première machine à film.

Il conclut : « Comme vous êtes maître de la production des figures, vous pouvez les rendre aussi bizarres et irrégulières que vous le souhaitez. » Les producteurs de films modernes ont en effet réalisé des films à la fois « bizarres » et « irréguliers ». Plateau aurait aimé le cinéma moderne parce qu'il aimait le théâtre, particulièrement les comédies.

Alors que Plateau effectuait en 1829 les expériences qui conduisirent à des présentations scientifiques de phénomènes visuels et optiques ainsi qu'à la construction de la première machine cinématographique pour illustrer ces principes et divertir, un événement tragique se produisit. Plateau, dans ses recherches sur la vision de la lumière et du mouvement, a accordé une attention particulière à la principale source de toute lumière sur terre, le soleil.

Un jour, pour constater par lui-même les effets d'un grand stimulus, le plus grand possible dans la nature, sur son œil, il fixa le soleil pendant 25 secondes sans lunettes ni autre protection. L'intensité était grande et l'effet égal. Il est resté aveugle pour le reste de la journée. Au bout de quelques jours, sa vue est revenue mais elle est définitivement blessée. Elle s'est progressivement atténuée et a disparu en 1843. Une inflammation de la choroïde persistait et effaçait la vision de l'un des plus grands chercheurs en vision de toute l'histoire.

Pendant la période où sa vue diminuait progressivement, Plateau continua à travailler sur la vision et apporta de grandes contributions au film alors inconnu. À partir de 1843, il dut abandonner l'enseignement pour cause de cécité totale, mais cela n'arrêta pas ses expériences.

En 1830, Plateau publia une explication plus détaillée de son dispositif à roue dans le Journal de Quetelet .

En 1831 et 1832, Plateau et Michael Faraday (1791-1867), scientifique anglais, eurent une discussion écrite sur certaines phases de priorité dans l'observation du « phénomène de la roue » qui conduisit au cinéma. Le 10 décembre 1830, Faraday, fils d'un forgeron, qui attira l'attention de Sir Humphry Davy, s'adressa à la Royal Institution de Grande-Bretagne « Sur la classe particulière de tromperies optiques ». L'article a été publié en février 1831 dans le *Journal de l'Institution* . Faraday, appelé par Tyndall « le plus grand philosophe expérimental que le monde ait jamais connu », fut attiré par le phénomène de la roue qu'il nota « J. M." avait discuté en 1820 et Roget en 1824. Dans les usines de plomb de MM. Maltsby Faraday a vu des roues dentées tourner rapidement l'une dans un sens, l'autre dans un autre. L'effet optique était curieux. Il conçoit dans son laboratoire une machine à disques afin de créer la même illusion, constatant que les effets produits étaient parfois beaux. Faraday a déclaré que le dispositif des roues tournantes pouvait tourner devant un miroir et que des résultats intéressants étaient observés. Il n'a pas proposé l'utilisation d'images ou d'images. M. Wheatstone, a déclaré Faraday, était engagé dans l'exploration générale du sujet et espérait que les résultats seraient bientôt rendus publics.

Plateau écrivit plus tard dans l'année dans les *Annales de Chimie et de Physique* , une publication scientifique imprimée à Paris et éditée par Guy- Lussac et Arago, que des scientifiques en France et en Angleterre étudiaient les effets de deux roues tournantes, l'une placée derrière la roue. l'autre et chacun tournant à des vitesses différentes.

Plateau revendique la priorité en ces termes : « Il y a plusieurs années, j'ai observé ces phénomènes et j'ai mené des expériences dont les résultats ont été publiés. Mes expériences ont attiré peu d'attention à l'extérieur du pays et M. Faraday n'avait sans doute aucune connaissance de mes travaux... C'est parce qu'un homme tel que M. Faraday a décidé que le phénomène en question n'était pas indigne de son attention que j'attache quelque mérite à l'honneur de l'avoir observé avant lui.

Dans l'édition de 1832 de la *Correspondance Mathématique et Physique* de Quetelet , Plateau remarque (dans une note du 20 janvier 1833) qu'à la suite de la lettre publiée dans les *Annales* de novembre 1831, « Il (Faraday) m'a écrit et a reconnu d'une manière des plus flatteuses pour moi la priorité de mes observations. Plateau a finalement conclu que Faraday avait acquis certaines connaissances après tous ses travaux antérieurs lorsque l'Anglais a rédigé son article à la fin de 1830.

Plateau a reconnu que l'article de Faraday contenait des observations intéressantes qu'il a expliquées et développées. Suivant le principe exposé dans son ouvrage de 1828, Plateau construit alors le premier Fantascope ou Phénakisticope , la première machine qui créait des illusions de mouvement à partir d'une série d'images. Madou, beau-frère de Quetelet , fut crédité d'avoir copié le dessin de Plateau avec un soin extrême.

Plateau a eu l'idée d'avoir successivement différentes images qui donneraient l'illusion d'un mouvement à utiliser sur le disque tournant. Chaque figure montrant quelques changements de position par rapport à la précédente, l'illusion est que ce sont les figures qui bougent et non le disque ; et il en va de même pour les films modernes. Nous n'avons aucune conscience du mouvement du film à travers la machine sous nos yeux – seulement du mouvement des personnages sur le film tels que projetés sur l'écran. (Illustration en regard de <u>la page 89. </u>)

Plateau a également souligné qu'une lumière forte était nécessaire pour les films – comme aujourd'hui – et que le « projecteur » devait être à une certaine distance du miroir (maintenant un écran) sur lequel les images sont vues.

« Je ne décrirai pas la diversité des illusions curieuses qui peuvent être produites par cette nouvelle méthode », conclut Plateau. "Je laisse à l'imagination des personnes qui tenteraient ces expériences le soin d'en découvrir les plus intéressantes."

Jusqu'à aujourd'hui, les producteurs de cinéma, faisant appel à leur imagination, ont relevé le défi du Plateau, et pourtant le champ est inépuisable.

Dans les *Annales de Chimie et de Physique* de 1833, Plateau donne une explication plus détaillée de son appareil, nommé par d'autres le Phénakisticope . D'autres l'avaient également commercialisé. McLeans' Optical Illusions, n° 26

Haymarket Street, Londres, et d'autres sociétés vendaient des modèles basés sur l'invention de Plateau. « Je profite de cette occasion pour déclarer que, si le Phénakisticope a été fait à partir d'une idée que j'ai publiée sur cette nouvelle méthode de création d'illusions, je n'ai aucune part dans l'exécution de cet instrument qui laisse beaucoup à désirer selon aux rapports. La théorie et les expériences ont montré que pour obtenir des résultats aussi parfaits que possible, il est nécessaire de prendre certaines précautions qui ont été omises dans le Phénakisticope .

Plateau a poursuivi en expliquant qu'il avait réalisé quelques modèles dans lesquels les mesures nécessaires avaient été prises et que "ces modèles constituent désormais un nouvel instrument qui a été publié à Londres sous le nom de Fantascope ".

L'instrument amélioré a été décrit avec le danseur original et les hommes en marche comme illustrations. Il a également souligné que les disques doivent tourner à une certaine vitesse : s'ils sont trop lents, l'illusion du mouvement n'est pas présente, et s'ils sont trop rapides, les chiffres deviennent flous.

À peu près au même moment où Plateau inventait indépendamment son Phénakisticope ou Fantascope , le même appareil était inventé par Simon Ritter von Stampfer, géomètre et géologue autrichien. Stampfer est né le 28 octobre 1792 au Tyrol. En tant que jeune garçon, il a regardé le soleil pendant une longue période, mais a retrouvé sa vue normale après que l'image du soleil ait persisté pendant 24 jours. Lorsqu'il était professeur de géométrie pratique à l'Institut polytechnique de Vienne, Stampfer publia son récit du Stroboscope, comme il l'appelait, en 1834. Stampfer dans son article mentionnait le Thaumatrope du Dr Paris, l'article du Dr Roget sur la persistance de la vision dans en ce qui concerne les rayons de roue et le papier de Faraday, tous mentionnés ci-dessus. Le traitement des disques par Stampfer pour créer l'illusion du mouvement était mathématique. Il expliquait de nombreuses formules mathématiques compliquées et, contrairement aux documents du Plateau, les siennes n'étaient pas accompagnées d'un dessin. Stampfer, bien que n'ayant pas le talent artistique de Plateau, était un homme plus pratique. Le 7 mai 1833, il dépose un brevet impérial pour son invention. Stampfer est décédé le 10 novembre 1864 à Vienne.

Plateau lui-même est la meilleure autorité pour ses affirmations respectives et celles de Stampfer, bien que, comme toujours, il ait pu être beaucoup plus modeste et généreux que les faits ne le justifient, car fondamentalement, son disque a eu une bien plus grande influence que celui de Stampfer et ses recherches ont été commencées en premier.

Tout en décrivant une forme améliorée de son Anorthoscope original , ou machine utilisée pour créer des images déformées, développée pour la première fois en 1828 et 1829, Plateau écrit sur l'invention du Phénakisticope

, Fantascope ou Stroboscope, en 1836 dans le *Bulletin* de l'Académie Royale de Belgique :

Je voudrais profiter de cette occasion pour dire ici quelques mots sur la question de ma priorité à l'invention d'un autre instrument, le Fantascope ou Phénakisticope , priorité qui est partagée également avec M. Stampfer, professeur à Vienne, qui a publié une étude similaire instrument sous le nom de disques stroboscopiques.

Dans la notice qui accompagne la deuxième édition de ces disques stroboscopiques imprimée en juillet 1833, M. Stampfer déclare qu'il avait commencé en décembre de l'année précédente à répéter les expériences de M. Faraday sur certaines illusions d'optique et que ces expériences avaient abouti à l'invention de l'instrument qu'il avait publié. Aussi les éditeurs affirmaient dans un avant-propos qu'au mois de février de l'année suivante M. Stampfer avait rassemblé une collection de ces disques et les avait montrés successivement à ses amis, parmi lesquels des personnalités. Ils firent en sorte que le 7 mai de la même année, il obtint un brevet impérial exclusif sur les droits de son invention.

Voilà pour ce qui préoccupe M. Stampfer. On voit que le brevet mentionné ci-dessus n'a été obtenu que le 7 mai 1833. Le professeur n'a pas pu placer sa première publication avant cette date. Mais, d'un autre côté, la lettre qui donne la première description de mon Fantascope est datée du 20 janvier 1832. Ainsi ma première publication est plus d'un an avant celle de M. Stampfer. Quant à l'époque à laquelle m'est venue l'idée de cet instrument, idée à laquelle m'a également conduit l'article de M. Faraday, il m'est difficile d'être précis ; cependant le dessin qui accompagne cette lettre prouvait que j'avais déjà à cette époque terminé le premier disque et quand je me souviens de mon travail, des difficultés que j'ai rencontrées dans la première construction et du soin extrême que j'y avais apporté, je crois que Je peux situer l'invention à peu près à la même époque, c'est-à-dire que M. Stampfer, au mois de décembre 1832.

Roget peut également être considéré comme un pionnier dans ce domaine. En 1834, il écrivait que les écrits de Faraday avaient de nouveau attiré son attention sur les appareils à roues et qu'au printemps 1831 il en avait construit plusieurs « que j'ai montrés à beaucoup de mes amis », écrit-il, « mais en conséquence des occupations et des soucis d'un Plus grave, je n'ai publié aucun récit de cette invention qui a été reproduite l'année dernière sur le continent.

De 1835 à 1843, Plateau poursuit son travail et son enseignement à l'Université de Liège en sa qualité de professeur de physique expérimentale, prenant congé pour se marier en 1840 avec Fanny Clavareau . Mais pendant ce temps, l'homme qui avait contribué à apporter l'éducation visuelle et le divertissement aux millions de personnes qui allaient lui succéder devenait progressivement aveugle. C'était un professeur apprécié, malgré son handicap.

À partir de 1844, alors que sa vision avait complètement disparu, Plateau travailla continuellement chez lui, y ayant installé un laboratoire dans lequel amis et parents lui servaient d'assistants. Plateau lui-même donnait toutes les instructions à ses aides ; ils lui rapportèrent tous les détails des résultats des expériences et il dicta ensuite les notes couvrant l'ouvrage, s'appuyant sur une mémoire remarquable. Plus tard, les notes seraient révisées pour publication. Plateau a fourni l'imagination et l'intelligence perçante ; ses assistants fournissaient les yeux et étaient les reporters. Plateau en était le rédacteur. Les critiques scientifiques estiment qu'il a non seulement surmonté son handicap, mais qu'il a en fait fait un meilleur travail.

En 1849, Plateau publia dans le *Bulletin* de l'Académie royale de Belgique des études plus approfondies sur les disques tournants et l'utilisation d'un obturateur. Cette fois, il a également traité les effets de couleur et des disques de couleurs variées sont utilisés. Le système était similaire à l' Anorthoscope . Seize images étaient montées en marge d'un disque de verre. Un autre disque doté de quatre emplacements tournait quatre fois plus rapidement. Plusieurs spectateurs ont pu constater l'effet en même temps. L'illusion principale était celle d'un diable attisant un feu. La machine à film peep-show d'Edison de 1891 possédait également un disque tournant à quatre emplacements.

La dernière fois que Plateau a écrit pour publication directement sur la machine cinématographique, c'était en 1852, 20 ans après son invention. Une fois de plus, il dut s'en prendre aux critiques, cette fois à ceux qui disaient qu'il n'avait pas volé un autre de son époque mais les anciens Romains.

Dans le numéro du 30 mai 1852 de *Cosmos* , une revue scientifique hebdomadaire française, éditée par l'abbé Moigno , des commentaires ont été faits à propos d'un article écrit par un certain Dr Sinsteden dans la revue scientifique allemande *Annalen der Physik und Chemie* , qui affirmait que Lucrèce dans le quatrième livre de *De Rerum Natura* décrit le Fantascope ou Phénakisticope inventé par Plateau « avec une telle exactitude que, sans la longue série de considérations théoriques et d'expériences pratiques qui ont conduit le savant belge à arriver à la construction de l'appareil, on je supposerais qu'il a pris l'idée du philosophe romain.

Pour étayer cette thèse, le texte de Lucrèce fut cité en latin et en français et l'abbé Moigno fit un autre commentaire : « Quel effet cela a-t-il sinon le Phénakisticope — Lucrèce aurait-il pu le décrire en termes plus précis ou plus clairs ?

Plateau répondit dans le numéro du 25 juillet de la même année et répliqua pour toujours à l'affirmation selon laquelle Lucrèce avait inventé la première machine cinématographique plusieurs centaines d'années auparavant.

Moigno s'est rendu compte de son erreur et a fait précéder les propos de Plateau d'excuses : « Nous sommes toujours prêts à retirer les erreurs que nous imprimons. Notre éminent ami Plateau nous écrit aujourd'hui à propos d'une traduction écrite à partir d'une idée préconçue. Il a cent raisons de se plaindre.

Les quelques répliques de Plateau ont été dévastatrices. Il souligne que le passage de Lucrèce utilisé par le docteur Sinsteden et repris par l'abbé Moigno avait supprimé une ligne du texte et en avait mal traduit d'autres. Il était prouvé que Lucrèce décrivait non pas un instrument optique mais des rêves.

Plateau concluait : « Ces quelques mots suffisent, je l'espère, pour montrer le véritable rapport qui existe entre le passage de Lucrèce et le Phénakisticope , et pour m'éloigner de tout soupçon d'avoir volé à l'antiquité l'idée de mon instrument. »

Un réexamen du texte latin de Lucrèce ne laisse aucun doute sur le fait que Plateau avait raison et que Lucrèce écrivait sur les rêves et non sur le premier dispositif cinématographique. Les vers de Lucrèce parlent d'images, d'imagination et de rêves. Le Dr Sinsteden et d'autres au XIXe siècle qui croyaient que Lucrèce décrivait un instrument étaient confus en ne comprenant pas ses mots et en confondant sa théorie de la vision avec un véritable appareil et ses effets. Il s'agissait d'une simple erreur qui explique le lien enregistré entre Lucrèce et l'origine du film, qui a été répété dans de nombreux livres.

Quelques années avant sa mort, Plateau publia une bibliographie complète et annotée des ouvrages sur la vision depuis les temps les plus reculés jusqu'à ses jours. Il a commencé avec Aristote et a suivi tout le parcours historique. Environ 100 ans avant ses propres expériences, les premiers efforts visant à mesurer la persistance de la vision ont été réalisés. Durant toutes ses années de cécité, il s'est surtout intéressé à la lumière, à la couleur, à la vision, à l'illusion du mouvement et aux phénomènes associés. Plateau assistait régulièrement à des réunions scientifiques et sa renommée était bien connue dans le monde scientifique. Il était bien connu pour sa dévotion religieuse et sa piété.

Plateau, honoré par ses collègues scientifiques et par le gouvernement belge, décède à Gand le 15 septembre 1883, quelques années avant que le film ne soit présenté au public et acclamé dans le monde entier. La science artistique des ombres magiques avait fait de grands progrès sous la direction de ce Belge doté d'un talent rare et d'un esprit indomptable.

XII
LE PROJECTEUR DU BARON

Premier impact de la guerre sur les ombres magiques : le général Uchatius invente un projecteur combinant la lanterne magique de Kircher et les disques d'images du Plateau-Stampfer. Les images animées atteignent l'écran.

LE PREMIER HOMME à combiner la lanterne magique de Kircher et le disque Plateau-Stampfer et à obtenir ainsi des images animées sur un écran visible par un public fut le baron général Franz von Uchatius . Un type de bronze porte le nom de cet expert balistique autrichien mais, bien que sa machine ait servi de modèle aux projecteurs de cinéma jusqu'à l'avènement du cinéma à la fin du siècle, son nom n'était pas lié à l'appareil. Avec Uchatius vint également le premier impact des images projetées sur la science de la guerre. Depuis ces modestes débuts, en moins d'un siècle, le cinéma est devenu – de nos jours – une formidable arme de guerre psychologique.

Franz Uchatius , le deuxième fils d'un ancien officier d'artillerie et instructeur à l'école des cadets qui a démissionné après 19 ans de service pour devenir commissaire de rue dans une petite ville autrichienne, est né le 20 octobre 1811 à Theresienfeld, Wiener Neustadt, Autriche . Le père avait épousé une bavaroise et vivait confortablement, car en plus de son travail en ville, il gérait un domaine et tirait ses revenus d'un semoir agricole qu'il avait inventé.

Après des études primaires et secondaires près de chez lui, Franz est apprenti chez un commerçant viennois. Son père devait payer une cotisation annuelle d'environ 300 florins (environ 120 dollars) pour obtenir ce privilège. Franz, un petit garçon sensible, était très malheureux en tant qu'apprenti, n'ayant aucun intérêt pour le marchandisage. Après beaucoup de persuasion, car son père avait visiblement trouvé la vie plus heureuse en dehors de l'armée, Franz reçut la permission de rejoindre son frère aîné, Joseph, dans l'artillerie. Il y avait une autre difficulté. Franz était en dessous de la taille minimale établie pour cette branche de l'armée. Avant de pouvoir entrer à l'école d'artillerie, il fallait obtenir une autorisation spéciale de l'archiduc Louis, le plus jeune fils de l'empereur François et inspecteur général de l'artillerie.

Mais tout fut arrangé et le 5 août 1829, alors qu'Uchatius avait 17 ans, il fut emmené à l' armurerie Rennweger à Vienne pour commencer sa formation d'élève-officier d'artillerie. Uchatius s'intéressait particulièrement à la physique, aux mathématiques et à la chimie. La chimie n'était alors pas très appréciée et était généralement réservée aux sous-officiers. Uchatius a surmonté ce préjugé en devenant l'assistant de laboratoire du professeur.

L'avancement militaire est venu lentement à Uchatius . À 25 ans, il était artilleur mais pouvait également suivre des cours à l'École Polytechnique. L'année suivante, en 1837, il redevient assistant du professeur de chimie à l'école d'artillerie, conservant ce poste jusqu'en 1841. Durant cette période , il sert comme précepteur spécial auprès d'officiers turcs, alors étudiants à Vienne, et travaille également dans la fonderie d'armes.

Finalement en 1843, à l'âge de 32 ans, il fut nommé lieutenant. C'est à cette époque qu'il fit sa première invention. Sa première réalisation était une mèche spéciale pour les armes à feu. Un peu plus tard, il inventa la première lampe à hydrocarbures européenne. Il s'agissait d'une lanterne spéciale conçue pour être utilisée à bord des navires. Il était construit de telle sorte qu'il ne s'effondrerait pas même s'il était complètement renversé. Une modification de cette lampe a été utilisée par Uchatius dans un modèle de son projecteur de cinéma pré-film.

La description de l '« Appareil pour la présentation de films sur un mur » d' Uchatius ne fut publiée qu'en 1853. Le récit parut dans le *Sitzungsberichte* de la Kaiserliche Akademie der Wissenschaften de Vienne.

Mais, comme l'a dit Uchatius lui-même, on lui a demandé de développer l'invention dès 1845, à la demande du feld-maréchal lieutenant von Hauslab . Ce général pensait très probablement que si l'on pouvait projeter sur le mur les figures mobiles des disques magiques du Plateau-Stampfer, on disposerait d'un instrument puissant pour l'instruction militaire. De nos jours, le cinéma est devenu une aide importante dans l'entraînement militaire partout dans le monde.

Uchatius a écrit ce qui suit :

L' illusion bien connue provoquée par le disque de Stampfer vient du fait que l'œil reçoit sur la même partie de la rétine des images se succédant à de courts intervalles, qui présentent un mouvement récurrent dans ses diverses phases, et de là se produit un effet ce qui équivaut à celui d'une image observée en mouvement.

La méthode utilisée par Uchatius pour projeter une série d'images connectées sur un mur « dans n'importe quelle taille souhaitée » est indiquée par les illustrations.

Uchatius a noté que le disque Plateau-Stampfer présentait un certain inconvénient, non seulement parce qu'une seule personne pouvait observer les effets à la fois, mais aussi parce que les images n'étaient pas nettes et claires.

Le premier modèle développé par Uchatius était décrit comme suit :

Les tableaux (a), (a)... sont peints sur verre transparent et montés sur un disque (A), à intervalles égaux, et le tableau le plus bas était éclairé par derrière par la lampe (S) et l' éclairage lentille (B). Un deuxième disque, (C), contenait les fentes (b), (b)... (l'obturateur moderne) à amener devant chaque image. Les fentes correspondent à celles du disque Stampfer. Les deux disques sont montés sur le même axe (D) et sont entraînés en rotation par la manivelle (E). La fente, (c), correspond à l'ouverture pupillaire de l'œil et le cristallin achromatique, (F), au cristallin de l'œil. L'objectif est réglable pour permettre une mise au point nette de l'image. La surface, (G) (l'écran) correspond enfin à la position de la rétine de l'œil.

Lorsque les disques sont tournés, les images successives apparaissent sur le mur (G), exactement comme elles sont vues sur le disque de Stampfer, à des intervalles si courts qu'elles ne sont pas remarquées par l'œil.

Cette machine était satisfaisante mais limitée. Uchatius était un critique sévère de son propre travail : « L'appareil produisait de très bons films dont la taille pouvait cependant être agrandie jusqu'à un maximum de six pouces de diamètre seulement, car si le mur (G) était éloigné du projecteur, les images devenaient trop sombres à cause de la lumière coupée par les fentes. Et un élargissement des fentes provoquait une plus grande indistinction. Cependant, on avait réussi à réaliser un film projeté qui pouvait être visionné simultanément par un nombre considérable de personnes. Mais il restait néanmoins souhaitable de projeter ce tableau dans une taille appropriée sur un mur et de le montrer ainsi dans une salle ou un théâtre.

Le premier modèle avait montré que l'utilisation de fentes, même avec la lumière la plus brillante, ne pouvait pas donner lieu à une image réussie, selon Uchatius . (Illustration en regard de la page 105.)

Il a ensuite construit le modèle amélioré.

Les images (a), (a)... sont peintes en transparence et disposées verticalement en cercle le plus rapproché possible sur le toboggan en bois (A). Devant chaque image se trouve un objectif de projection (b), (b)... qui peut être incliné vers le centre de l'appareil au moyen d'une charnière et d'une vis de réglage. L'inclinaison de toutes les lentilles de projection est réglée de telle sorte que leurs axes optiques se croisent à la distance à laquelle l'image apparaît (c'est-à-dire sur l'écran). Il s'ensuit que tous les tableaux doivent apparaître en un seul et même point du mur, (W).

La source de lumière est constituée d'un cylindre de chaux (B) brillant dans un courant de gaz oxyhydrogène et d'une lentille condensatrice (C) qui donne des rayons quelque peu convergents et n'éclaire qu'une seule image à la fois.

La lumière est tournée en cercle par un mécanisme simple au moyen d'une manivelle (D), soit rapidement, soit lentement selon les besoins, (le premier projecteur de ralenti également). Durant le mouvement, la source lumineuse conserve sa position verticale du fait de son propre poids, puisqu'elle est suspendue à son support (c), de manière à être facilement mobile. Les deux tubes de gaz en caoutchouc montent et descendent à travers le fond ouvert de l'armoire. Le poids en plomb (E) sert de contrepoids à la source lumineuse.

Uchatius était satisfait de cette machine. « Le résultat est désormais évident. Les images successivement éclairées apparaissent sur le mur de la même manière que les vues dites dissolvantes, mais beaucoup plus rapidement, provoquant ainsi l'effet d'une image animée. La taille de l'image n'est pas limitée par les fentes et la netteté n'est pas affectée puisqu'aucun mouvement de l'image de l'objet ne se produit.

De cette manière, Uchatius a résolu le problème de la projection de ces films peints à la main avant le film. Au tout début de la projection d'ombres magiques, Athanasius Kircher avait recherché les mêmes résultats mais ne disposait pas de l'appareil ni de la connaissance de la vision et du mouvement nécessaires pour réaliser son souhait. Le modèle de lanterne de Zahn équipé d'un disque tournant se rapproche du plan d' Uchatius mais échoue, tout comme celui de Kircher, et pour la même raison. Pour Plateau, l'illusion d'images animées visibles par une personne à la fois était suffisante. Quoi qu'il en soit, l'aveugle – qui manquait de vue – ne s'est probablement pas senti poussé à organiser une visualisation simultanée pour les autres. Sans aucun doute, il pensait que voir des films – une personne à la fois – était une merveille suffisante. Edison, plus d'un demi-siècle plus tard, tendait à partager la même opinion.

Uchatius a déclaré que son modèle de projecteur était équipé d'un espace pour douze images peintes sur des lames de verre, mais il a ajouté : « Il n'y a pas d'obstacles insurmontables à la construction d'un appareil similaire avec 100 images, et ainsi un tableau mobile avec une action qui dure une une demi-minute pourrait être présentée. L'appareil n'aurait pas besoin de mesurer plus de six pieds de haut.

Cela montre qu'Uchatius attendait également avec impatience le film de l'histoire. Jusqu'au milieu des années 1890, aucune véritable scène de film n'était diffusée sur aucun écran pendant plus d'une demi-minute indiquée par Uchatius . Sa machine a été le modèle de base pendant quatre décennies et a eu une influence sur la conception de nombreux premiers projecteurs et caméras de cinéma.

Uchatius a souligné que le projecteur serait utile pour démontrer son propre principe dans les cours de physique et de vision et pourrait montrer de manière vivante l'action des ondes sonores et « en fait, tous les mouvements qui ne peuvent être démontrés par un mécanisme ».

Le premier revendeur de projecteurs de cinéma fut W. Prokesch, opticien et fabricant de lentilles du 46 rue Lainbruge à Vienne, qui, selon Uchatius , « prépare des appareils de ce type avec la plus grande précision et fournit également sur demande des images à cet effet ». Prokesch écrivit plusieurs années plus tard que les archives montrent qu'Uchatius avait commencé sa correspondance avec la société d'optique au sujet du projecteur de cinéma le 16 février 1851.

Il est possible qu'Uchatius ait résolu le problème du projecteur peu après que la mission lui ait été confiée par le général von Hauslab en 1845. Mais il fut un homme très occupé à partir de cette année-là, lorsqu'il devint membre de l'Académie des sciences, jusqu'au Période 1851-1853 où il eut le temps d'achever les travaux, d'organiser la construction commerciale des projecteurs et de rédiger le rapport pour le journal de l'école polytechnique, Akademie der Wissenschaften , *Sitzungsberichte* .

En 1846, Uchatius reçut l'ordre d'ouvrir une section de la fonderie d'armes et stupéfia les cercles militaires en produisant en trois mois la grande quantité alors de 10 000 boulets de canon de six livres. Il enseigne aux frères de l'Empereur à l'École Polytechnique en 1847. À l'âge de 37 ans, en 1848, alors qu'il a une famille de trois enfants et qu'il est au service de l'artillerie depuis 19 ans, il reçoit une promotion au grade de premier lieutenant. L'évolution fut lente car cet homme extrêmement talentueux n'avait aucune influence dans les cercles politiques.

En 1848, Uchatius fut affecté en Italie et assista au siège de Venise. C'est là qu'il a créé le précédent peu enviable du bombardement aérien des villes. En trois semaines , il avait construit plus de 100 ballons équipés pour transporter des charges explosives destinées à être larguées sur la tête des « Vénitiens assiégés et rebelles ». Uchatius et son frère Joseph étudièrent le problème sur place. L'expérience n'a été qu'un succès partiel. Les Vénitiens étaient probablement aussi terrifiés par les rumeurs de bombes tombant du ciel que les envahisseurs sous Marcellus avant Syracuse lorsque Archimède développa ses Lunettes brûlantes.

Uchatius avec la marine qui dirigeait le siège n'étaient pas des meilleures et il était heureux de pouvoir retourner à Vienne. Au cours des années suivantes, il continua à faire peu de progrès dans le monde militaire mais réalisa d'excellents travaux scientifiques. Il a commencé à tester des armes à feu et a eu l'occasion de voyager et d'inspecter les munitions et les méthodes de fabrication étrangères. En 1867, à l'âge de 56 ans, il reçoit sa première reconnaissance importante. Il fut décoré pour son travail et nommé colonel commandant de l'usine d'artillerie en 1871. Auparavant, il avait contribué à diriger la construction de l'arsenal de Vienne.

En 1874, il développa le premier canon en acier et en bronze à partir du bronze « Uchatius ». Au cours des années suivantes, il combattit pour la création d'une industrie nationale de munitions afin que l'Autriche ne dépende pas d'un fournisseur de munitions étranger. Certains en position d'autorité voulaient que les armes lourdes soient fabriquées à Krupp, en Prusse, mais Uchatius a finalement gagné et a été promu au rang de major-général par l' empereur , recevant la Croix de Commandeur de l'Ordre de Saint- Étienne, une prime annuelle personnelle à vie de 2 000 florins, avec le titre de baron .

Uchatius furent utilisées par l'Autriche lors de l'occupation de la Bosnie-Herzégovine en 1878-1879, lorsque les Turcs se retirèrent, conformément au traité de Berlin.

Il est facile de voir qu'un homme d'une telle activité n'a pas eu le temps de travailler davantage sur le projecteur de cinéma qu'il avait inventé dans sa jeunesse, passant des années fastidieuses en attendant une promotion et des responsabilités.

Finalement, Uchatius devint maréchal, mais il mourut malheureux. Il écrivit une note d'adieu : « Pardonnez-moi, mes très chers, car je ne peux plus supporter la vie » et se suicida le 4 juin 1881, à l'âge de 69 ans. Il eut le cœur brisé. Bien que ses armes d'artillerie aient été un grand succès, il lui restait encore à perfectionner les canons de défense côtière. Le coup final fut une remarque transmise par le ministère autrichien de la Guerre, selon laquelle les responsables doutaient de vivre assez longtemps pour voir l'achèvement réussi des canons côtiers d' Uchatius . En outre, une commande fut envoyée à Krupp pour quatre canons de ce type pour le port de Pola, alors port maritime austro-hongrois, et après la Seconde Guerre mondiale, un port dans la zone contestée par l'Italie et la Yougoslavie. On disait que le général était malade, atteint d'un cancer incurable de l'estomac.

Uchatius était naturellement un héros de l'artillerie autrichienne. Un obélisque monumental fut élevé à sa mémoire grâce aux souscriptions des hommes qui utilisaient ses armes. Son biographe Karl Spaĉil écrivait : « Chaque fois que ce pays (l'Autriche) commence à se réarmer, il n'est pas étonnant que le nom d' Uchatius soit à nouveau mentionné et loué. »

Mais Uchatius d'hier et d'aujourd'hui aurait dû être félicité non pas pour ses engins de guerre, mais pour son importante contribution à la science de l'art de l'ombre magique. Car en perfectionnant une machine cinématographique qui présenterait des images vivantes au public, Uchatius , avec Kircher et Plateau, les autres grands pionniers de l'ombre magique, mérite le crédit et la gratitude d'innombrables millions de personnes qui, au fil des années, ont vu leur vie enrichie grâce à cela. un nouveau moyen d'expression formidable.

L'utilisation du projecteur d' Uchatius se répandit rapidement. Cela satisfaisait un besoin naturel. Dès le début, l'homme a cherché à recréer la vie de manière naturelle et réaliste. Les films sur grand écran, même ceux d'une seule scène, répétés encore et encore, représentaient une étape décisive sur cette voie.

Abb. 1. Franz Freiherr von Uchatius .

Huiles de Sigmund l'Allemand je suis Besitz des Wiener Heeresmuseums .

Suisse Zeitschrift , 1905

FRANZ VON UCHATIUS combina en 1853 le projecteur de Kircher de 1645 et le disque tournant de Plateau de 1832 pour réaliser la première projection de dessins animés.

Quelques années après la publication des récits du projecteur de cinéma Uchatius , des modèles furent mis au point par des inventeurs anglais et français. Des projecteurs, dont un projetant sur un écran au moyen d'un système de miroirs des images de personnes vivantes, ont été utilisés au London Polytechnic Institute.

Pendant de nombreuses années après l'annonce du projecteur d'images Uchatius , seuls des dessins dessinés à la main ont été utilisés. Les nouvelles photographies n'étaient disponibles que sous forme d'images fixes. Mais maintenant, le cinéma moderne était à nos portes .

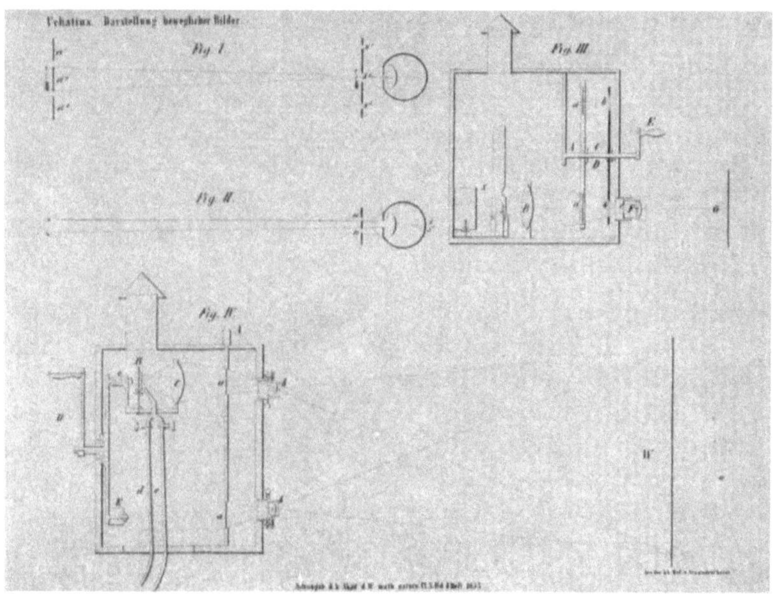

K. Akademie der Wissenschaften , 1853

PROJECTEURS par Uchatius . Deux versions du projecteur d'images 1853 sont présentées. Dans celui ci-dessus, un disque d'images tourne grâce à une manivelle. Cidessous, les dessins sont dans des supports fixes, chacun devant un objectif de projection, et la source lumineuse tourne.

LES LANGENHEIMS DE PHILADELPHIE

Les frères Langenheim mettent au point un système d'impression de photographies sur lames de verre permettant une projection sur écran. Les projecteurs sont fabriqués par Duboscq en France ; Wheatstone et Claudet en Angleterre ; Brown et Heyl aux États-Unis.

La « Ville de l'amour fraternel » DE WILLIAM PENN , PHILADELPHIE, ÉTAIT LA MAISON DE PLUSIEURS CONTRIBUTEURS AMÉRICAINS IMPORTANTS À LA SCIENCE DE L'ART DE L'OMBRE MAGIQUE. Les premiers d'entre eux étaient deux frères, Frédéric et William Langenheim.

William Langenheim est arrivé d'Allemagne aux États-Unis en 1834, l'année où Ebenezer Strong Snell, professeur à l'Amherst College, a introduit en Amérique les disques magiques Plateau-Stampfer. Successivement, il sert au Texas pendant sa guerre d'indépendance contre le Mexique ; était présent à la reprise d'Alamo par les forces américaines; a été lui-même capturé et condamné à être fusillé ; s'est échappé et a servi dans l'armée américaine pendant la deuxième guerre séminole de Floride.

Après trois années d'aventure, William décide en 1840 de s'installer à Philadelphie et de se lancer dans les affaires. Il a fait venir son frère Frédéric en Amérique pour être son partenaire. Frédéric Langenheim apporte à son frère des nouvelles des derniers développements de la photographie et ils décident de se lancer dans cette voie. L'année précédente, en 1839, Louis Jacques Mandé Daguerre (1789-1851), en France, et William Henry Fox Talbot (1800-1877), en Angleterre, avaient annoncé avec succès des images fixes réalisées avec une forme portable modifiée de notre vieil ami, le *camera obscura* , équipée d'une plaque enduite chimiquement qui, après développement, rendait l'image permanente.

Frédéric Langenheim était au courant de toutes ces avancées lorsqu'il arriva à Philadelphie en 1840 et soit il apporta avec lui un bon appareil photo, soit il en commanda un à Vienne peu de temps après. Au cours de l'hiver 1840-1841, les frères Langenheim ouvrent un studio au Merchant's Exchange, 3rd and Walnut Streets, à Philadelphie. Ils n'étaient pas les premiers photographes aux États-Unis mais faisaient partie des pionniers.

Des photos allant de la taille d'un pois aux très grandes étaient annoncées. Le président Tyler et Henry Clay faisaient partie de ceux qui ont représenté Langenheim. Dans une première aventure dans l'utilisation de la photographie à des fins publicitaires, les Langenheim ont eu un succès loin d'être total, du point de vue du client. Une photo a été prise montrant un certain nombre de personnalités buvant dans un établissement local. Ce n'était pas bon pour les affaires : un public rigoureux s'opposait à la « scène de la beuverie ».

Frédéric, qui était « l'homme extérieur » de l'entreprise et le principal photographe de sujets naturels (William s'occupait de l'entreprise et des portraits) se rendit à Niagara Falls en 1845 et réalisa des photos de scènes qui apportèrent renommée à la société Langenheim Bros. Des exemplaires furent envoyés à la reine Victoria, aux rois de Prusse, de Saxe et de Wurtenberg ainsi qu'au duc de Brunswick, province d'Allemagne d'où les frères étaient originaires ; et à Daguerre lui-même. Ce dernier a salué le succès de la photographie dans une lettre transmise aux Langenheim .

En 1848, William partit à l'étranger et conclut en Angleterre un accord avec William Henry Fox Talbot, pionnier britannique de la photographie, donnant aux Langenheims les droits contractuels exclusifs sur le procédé de calotype Talbot qui utilisait un négatif à partir duquel un nombre illimité de tirages papier pouvaient être réalisés. Il s'agissait d'une grande amélioration par rapport au système négatif-positif du Daguerréotype qui ne permettait pas l'impression de copies, mais les Langenheim ne parvinrent pas à obtenir une sous-licence pour le procédé Talbot en Amérique.

Peu de temps après, les Langenheim apportèrent une contribution importante à la science artistique des images d'ombre et de lumière en développant un système permettant de projeter les photographies dans l'ancienne lanterne magique Kircher. Cela prépare le terrain à la projection d'une série de photographies montrant un seul mouvement.

Kircher et les autres qui utilisaient sa lanterne magique, y compris le modèle de projection d' Uchatius , peignaient ou dessinaient leurs différentes scènes sur des lames de verre. Jusqu'en 1850 environ, lorsque le développement de Langenheim fut annoncé, il n'existait aucune méthode satisfaisante pour fabriquer des plaques de verre à partir de photographies positives. Bien entendu, la chaleur de la lampe de projection rendait impossible l'utilisation d'images imprimées sur papier.

Frédéric Langenheim, avec le brevet américain n° 7 784, daté du 19 novembre 1850, a résolu le problème. Le système de Langenheim était appelé « Hyalotype », du grec signifiant « verre » et « imprimer » ou imprimer sur verre. Avant l'invention, au cours de l'hiver 1847-1848, période de la ruée vers l'or en Californie, on disait que les Langenheim , au moyen d'un appareil photo viennois transformé en lanterne magique équipée d'une lampe à gaz, projetaient des images de daguerréotype. Ceci a probablement été réalisé à l'aide d'un système de miroirs.

Les premières diapositives du projecteur en verre Langenheim étaient circulaires et d'une teinte sépia profonde ; plus tard, d'excellentes planches en noir et blanc furent réalisées. Les diapositives en verre de Langenheim reproduisaient la nature sur l'écran « avec une fidélité vraiment étonnante ». Les deux plaques de la diapositive ont été rendues adhérentes avec du baume du Canada, qui est encore utilisé de cette manière ainsi que pour fixer des pièces de systèmes de lentilles de projection. Ce n'est que très récemment que de nouvelles résines synthétiques ont commencé à remplacer le baume du Canada à ces fins.

En 1851, les Hyalotypes de Langenheim firent leurs débuts en Europe sous de grands auspices, lors de la célèbre Exposition des Œuvres de Toutes les Nations à Londres. Les photos projetées sur verre étaient « très remarquables et très appréciées par les visiteurs compétents », selon Robert Hunt, une autorité photographique britannique pionnière, qui a inspecté l'exposition et a écrit à son sujet.

Rien ne prouve que les Langenheim aient combiné leurs diapositives de projection en verre avec le disque magique du Plateau pour réaliser des films. Ils ont apporté une contribution et ont semblé en être satisfaits. Et ce fut un succès pour eux, car au cours des vingt-cinq années suivantes, plusieurs milliers de ces diapositives furent vendues aux États-Unis.

D'autres, peut-être beaucoup plus familiers avec les disques magiques du Plateau-Stampfer que les Langenheim, combinèrent leur procédé avec la Roue de la Vie. Le lien néanmoins avec les Langenheim est direct et immédiat. Tous les adeptes ont utilisé les photos sur des lames de verre et la méthode a été popularisée par l'exposition de Langenheim à l'Exposition. Cependant, relativement peu a été fait pour combiner les diapositives de photos en verre dans une séquence de films avec la lanterne magique, car à l'époque il n'existait aucun moyen d'obtenir un certain nombre de photos successives de la même action.

Jules Duboscq (1817-1886) a copié à Paris le procédé Langenheim des plaques de verre avec beaucoup de succès. Duboscq exposait des instruments d'optique à l'Exposition de 1851. Il avait été titulaire de la licence Daguerre pour l'Angleterre, mais la méthode n'y fut jamais aussi populaire qu'aux États-Unis. Le 16 février 1852, Duboscq reçoit un brevet français sur un appareil qui combinait des photos et le Plateau Phénakisticope ou Fantascope . Son appareil s'appelait le Stereofantascope ou Bioscope.

Un modèle de Duboscq comportait deux bandes d'images réalisées avec une caméra binoculaire placées côte à côte sur un disque vertical, comme le modèle original du Plateau, et le tout était rapidement tourné devant un miroir par un spectateur portant des lunettes spécialement conçues. Le deuxième et meilleur système avait les images montées sur le Fantascope horizontal ou

Roue de la Vie, tel que développé par Horner en 1834, avec une image montée au-dessus de l'autre. Il y avait cependant une légère distorsion car les images étaient pliées pour s'adapter à l'intérieur du cylindre.

Sir Charles Wheatstone (1802-1875), qui combinait également des photos et le disque magique, en 1852, a eu une influence marquée sur le développement des images magiques au milieu du XIXe siècle. En fait, il se pourrait bien que les efforts déployés pour essayer de combiner l'effet tridimensionnel de son stéréoscope avec le disque magique aient retardé le développement de la projection sur écran de films.

Wheatstone était un homme timide, bien qu'un grand scientifique, et le grand Michael Faraday annonçait fréquemment ses inventions lors des réunions de la Royal Society. Le stéréoscope a été inventé en 1838. (Le lecteur se souviendra peut-être que des siècles auparavant, d'Aguilon avait inventé le nom « stéréo » pour « voir les effets solides »). Le stéréoscope obtient son effet en mélangeant en une seule image des images ou des dessins d'un objet pris sous des points de vue légèrement différents afin d'obtenir une impression de relief dans notre sens de la vision. Sans nos deux yeux, l'effet stéréoscopique ne serait pas possible.

On savait depuis très longtemps que les deux yeux ne voyaient pas la même image. Wheatstone a fabriqué un instrument qui a profité de ce fait. Il a déclaré avoir conçu l'idée en 1835 et avoir fait la première présentation du stéréoscope en août 1838 lors d'une réunion de la British Association tenue à Newcastle.

En 1850, Wheatstone était à Paris et montra son stéréoscope amélioré à l'abbé Moigno , à Soleil et à son gendre Duboscq , qui étaient des facteurs d'instruments commerciaux, et aux membres de l'Institut français. Sa valeur fut immédiatement reconnue non seulement pour le divertissement mais pour les arts et les sciences, notamment le portrait et la sculpture, rapporte Moigno dans *La Presse* du 28 décembre 1850. Duboscq se mit aussitôt à en fabriquer un et y utilisa des daguerréotypes. Moigno louait « l'intelligence, l'activité, l'affabilité, l' ardeur infatigable » de Duboscq . En 1851, Moigno attira Duboscq à l'attention de la reine en lui présentant un stéréoscope de type Wheatstone qu'il avait fabriqué. C'est l'année où Louis Napoléon prend le pouvoir et est nommé président pour un mandat de dix ans . En novembre 1852, il se proclame empereur.

Wheatstone a également développé une combinaison de photos et le disque Plateau qui était équipé d'un rouage qui faisait reposer momentanément chaque photo lorsqu'elle était tenue devant le miroir. Le même instrument a été fabriqué en France sous le nom d' Héliocinegraphe .

Antoine François Jean Claudet (1797-1867), était un Français qui épousa une Anglaise et s'installa à Londres en 1827. En 1852, il combina le disque Plateau-

Stampfer avec la méthode Langenheim de photographies sur plaques de verre. On prétend que, tandis que Claudet commençait à travailler avant lui, Duboscq obtenait le premier des résultats satisfaisants. Les expériences de Claudet réussirent en mai 1852, environ un an après l'exposition de Langenheim à l'Exposition. En 1853, Claudet devient membre de la Royal Society.

Claudet, lors d'une réunion de l'Association britannique pour l'avancement de la science tenue à Birmingham en septembre 1865, parla « des figures photographiques en mouvement , illustrant certains phénomènes de vision liés à la combinaison du stéréoscope et du phénakisticope au moyen de la photographie ». Claudet a noté que dès le début de la photographie, ceux qui connaissaient le disque de Plateau pensaient que les images seraient plus appropriées que les dessins à la main pour montrer les illusions du mouvement. Mais ils recherchaient également l'effet de la troisième dimension. Les efforts de Duboscq n'ont pas été complètement couronnés de succès, selon Claudet qui a décrit une machine qu'il avait mise au point. L'illusion du mouvement était obtenue en faisant en sorte qu'un œil voie une image et l'autre œil l'image suivante. Cela a abouti à un mouvement simultané et à un effet solide. Le spectateur n'avait pas conscience du transfert de la vision d'un œil à l'autre. L'exemple de Claudet est celui d'un boxeur qui s'apprête à frapper et qui porte ensuite le coup.

Les images de la machine de Claudet ont dû laisser beaucoup de place à l'imagination, mais une perfection intéressante de cet appareil a été montrée à New York à la fin de 1922 et au début de 1923, sous le nom de Hammond's Teleview. Un théâtre entier était équipé d'un dispositif de volet spécial pour chaque spectateur. Les obturateurs étaient synchronisés avec l'obturateur du projecteur de films et le spectateur, regardant à travers l'appareil, voyait le mouvement en trois dimensions. Le développement n'était pas commercialement réalisable car l'appareil était cher, gênant pour les spectateurs et les nombreux petits moteurs actionnant les volets créaient un bourdonnement gênant dans la salle.

Aux États-Unis, les frères Langenheim ont beaucoup contribué à populariser le stéréoscope et ses diverses modifications. Vers 1850, ils commencèrent à fabriquer et à vendre des vues stéréoscopiques à Philadelphie, par courrier et par l'intermédiaire d'agents dans tout le pays. À cette époque, alors que la ruée vers l'or en Californie venait de s'atténuer, les merveilles panoramiques et les vues de lieux reculés suscitaient un grand intérêt. Les photos stéréoscopiques se vendaient très bien et se retrouvaient finalement dans presque tous les salons de l'époque.

Avant la guerre civile, les Langenheim ont ouvert au 188 Chestnut Street l'exposition « Stereoscope Cosmorama ». Là, chaque spectateur était assis et pouvait voir une vue stéréoscopique après l'autre en tournant une manivelle. C'est peut-être ce système de manivelle qui a suggéré un dispositif cinématographique intéressant au concitoyen de Langenheims , Coleman Sellers.

Coleman Sellers (1827-1907) était un ingénieur qualifié. Il a reproduit les expériences électriques de Faraday dans ce pays ; construit des locomotives à Cincinnati principalement pour le chemin de fer de Panama ; il a également travaillé sur le développement énergétique de Niagara Falls. Même pour ses passe-temps, il s'est tourné vers les jouets et gadgets scientifiques. En 1856, il fut de nouveau appelé à Philadelphie pour prendre sa place dans l'entreprise familiale d'ingénierie. La famille de Sellers était issue d'un certain Samuel Sellers qui reçut une concession royale de terre en Pennsylvanie en 1682.

Les vendeurs brevetèrent le 5 février 1861 un appareil qu'il appela le Kinematoscope , évidemment la première utilisation du mot « cinéma » si l'on exclut le Français qui copira l'appareil de Wheatstone sous le nom de Quinetoscope .

L'appareil de Sellers faisait tourner une série d'images fixes posées, à la manière d'une roue à aubes, devant l'œil de l'observateur. Une période de repos relatif a été obtenue grâce à ce mouvement puisque chaque image se dirigeait vers l'observateur pendant un temps précis, puis hors de vue lorsque la photo suivante se mettait en place. Les photos animées des vendeurs incluent sa femme en train de coudre, ses deux fils, Coleman, Jr. et Horace, jouant et berçant une chaise. Les vendeurs ont essayé de combiner le mouvement et les effets solides. Il trouva le procédé photographique sur plaque humide inventé par Frederick Scott Archer (1813-1857) en 1850 tout à fait insatisfaisant pour le travail en mouvement « posé ». Archer n'a pas pris la peine de breveter le procédé.

Pendant la guerre civile, les Langenheim prirent près de 1 000 photos qui furent montées pour être projetées dans les lanternes magiques, et pendant la guerre franco-prussienne de 1870-1871, plusieurs centaines de photographies et de dessins furent publiés par les frères Langenheim pour être utilisés avec des lanternes. Le dernier catalogue de l'entreprise fut publié en 1874 et comprenait quelque 6 000 diapositives couleur au prix de 33 $ la douzaine, et celles spécialement photographiées et réalisées à 4 $ chacune. William Langenheim est décédé le 4 mai 1874. Frédéric a essayé de poursuivre l'entreprise pendant un certain temps, mais lui aussi vieillissait et a finalement vendu à l'automne à Caspar W. Briggs, un autre des premiers photographes de Philadelphie. Lors de l'exposition de Philadelphie, Frédéric a présenté les objectifs Voigtlander fabriqués à Vienne, qui étaient les meilleurs alors disponibles pour certains types de travaux photographiques.

Un autre Philadelphien, Henry Renno Heyl (1842-1919), ami et associé de Sellers au conseil d'administration du Franklin Institute, fut la première personne en Amérique à développer un projecteur utilisant des photographies animées « posées ». Les photos individuelles ont été prises selon la même méthode utilisée par Sellers pour son cinématoscope .

Musée américain de la photographie

FRÈRES LANGENHEIM, William (assis) et Frédéric, photographes pionniers de Philadelphie, qui développèrent, en 1850, la projection d'images à l'aide de lames de verre.

Un peu plus tôt, O. B. Brown, de Malden, Massachusetts, a obtenu le brevet américain n° 93 594, daté du 10 août 1869, pour ce qui est le premier projecteur de « cinéma » américain. Cependant, il n'utilisait que des dessins et non des photographies. En principe, il était basé, comme les autres projecteurs de l'époque, sur le système développé par Uchatius . Dans le projecteur de Brown, le disque magique du Plateau avec les personnages était monté entre la source de lumière et l'objectif de projection et tournait par un mécanisme d'engrenage. Devant l'objectif se trouvait un obturateur rotatif à deux trous qui interrompait la lumière lorsque les images étaient en mouvement intermittent.

Collection Maurice Bessy

ETIENNE JULES MAREY, physiologiste français, dont les recherches sur le mouvement des hommes et des animaux ont contribué aux progrès de la photographie du mouvement, 1870 à 1890.

Heyl a peut-être obtenu son idée de base de Brown ou bien elle lui est venue de manière indépendante parce que le besoin de combiner les nouvelles photos et l'ancienne lanterne magique a été ressenti par de nombreuses personnes. Quoi qu'il en soit, l'appareil de Heyl n'a que très peu de rapport avec celui de Brown. Il n'y a aucune preuve que Heyl ait tenté de breveter son appareil, de sorte que le Bureau des brevets n'a jamais été appelé à trancher ce point.

Heyl, originaire de Columbus, dans l'Ohio, qui a conçu de nombreux types de machines, notamment des boîtes et des appareils d'assemblage de papier et de livres, a été salué par certains comme le premier à utiliser des photos dans un appareil de projection. Cependant, lui-même n'a jamais revendiqué cet honneur. Il a publié une lettre datée de Philadelphie, le 1er février 1898, dans le *Journal* of the Franklin Institute, « Une contribution à l'histoire de l'art de photographier des sujets vivants en mouvement et de reproduire les mouvements naturels par la lanterne ».

« Parmi les premières expositions publiques » d'une telle combinaison figurait celle qu'il donna lors d'un divertissement organisé à l'Académie de musique de Philadelphie le 5 février 1870. Une note de catalogue annonçait comme caractéristique de ce divertissement varié la projection de « The Phasmatrope , une invention scientifique la plus récente », dont les effets sont similaires « au jouet familier appelé Zoetrope ». La direction s'est dite heureuse d'avoir « la première occasion de présenter ses mérites à notre auditoire ».

Heyl et un partenaire de danse ont posé pour six photos dans les différentes phases de la valse au studio photographique de O. H. Willard au 1206 Chestnut Street. D'autres diapositives photo ont été réalisées avec un artiste acrobatique japonais alors populaire – « Little All Right ». Les expositions temporelles ont été prises sur des plaques humides, puis les impressions ont été transférées sur de fines plaques de verre avec des images d'une hauteur d'environ trois quarts de pouce seulement.

Les six images fixes ont été dupliquées trois fois pour remplir les dix-huit espaces de la roue du projecteur.

Le projecteur Heyl avait un mouvement intermittent contrôlé par un mécanisme à cliquet et à cliquet actionné par une barre alternative déplacée de haut en bas par la main. Le mouvement rapide était utilisé pour les acrobates avec un arrêt complet à la fin de chaque saut périlleux, et un tempo lent pour la valse accompagnée par un orchestre.

Le problème d'un obturateur pour interrompre la lumière pendant le mouvement des images a été résolu de la manière suivante, selon Heyl : « Cela a été accompli par un obturateur vibrant placé à l'arrière de la roue à images et actionné par le même timon qui déplaçait la roue. , seul le mouvement de l'obturateur était chronométré de telle sorte qu'il se déplaçait en premier et recouvrait l'image avant que cette dernière ne bouge et termine le mouvement une fois l'image suivante en place. Ce mouvement réduisait considérablement le scintillement et donnait des représentations très naturelles et réalistes des personnages en mouvement.

Le Phasmatrope de Heyl était un appareil ingénieux mais l'imagination devait compenser ses nombreuses imperfections. Lorsqu'elle fut démontrée le 16 mars 1870, lors d'une réunion du Franklin Institute, elle fit si peu de bruit que la mention de la démonstration ne fut pas incluse dans le procès-verbal. Il est intéressant de noter que c'est lors de cette réunion que Sellers fut élu à la tête du Franklin Institute. On peut se demander quelle a été sa réaction au fait que Heyl, un homme de quinze ans son cadet, ait ajouté la projection au principe de son cinématoscope qui utilisait également des « images posées » dans un appareil de peep-show.

En 1875, à Philadelphie, Caspar Briggs, qui avait racheté la participation de Langenheim l'année précédente, introduisit un appareil similaire au projecteur Heyl qui utilisait également des photographies constituées de dessins pour simuler le mouvement. Son sujet le plus populaire était « Le squelette dansant », une sélection qui rappelle la fantasmagorie et les « arts noirs » ou nécromancie. Les petites images étaient montées sur le bord d'un disque de mica qui tournait devant l'objectif de projection. Briggs a également amélioré le processus de diapositive de la lanterne magique de Langenheim et a donné une impulsion supplémentaire à l'activité photographique à Philadelphie.

Depuis les Langenheim et leurs contemporains américains, le projecteur sur le développement de l'ombre magique revient vers l'Ancien Monde, vers la France et vers un scientifique de renom.

MAREY ET LE MOUVEMENT

Marey à Paris, Muybridge et Isaacs à San Francisco enregistrent le mouvement à l'aide de photographies - Ducos du Hauron a l'idée d'un système complet - Janssen fabrique une caméra « cinéma » - Reynauld entretient la magie du spectacle d'ombres - Anschütz utilise l'électricité.

LE capital de développement dans l'histoire de l'art-science de l'ombre magique a changé à plusieurs reprises. Les mers, les montagnes, les océans et le temps lui-même ne constituaient aucune barrière. Successivement, la Grèce, l'Arabie, la Perse, l'Angleterre, l'Italie, la Hollande, la Belgique, l'Autriche et les États-Unis ont pris l'initiative de montrer la voie à suivre pour parvenir à des images véritablement réalistes. Après le grand essor de Philadelphie, pendant la vie active des Langenheim , le principal centre d'activité était Paris et le leader était Etienne Jules Marey.

Plateau, en Belgique, est arrivé à l'invention du disque magique, qui fut le premier appareil « cinématographique », grâce à son étude de la vision et à son désir d'en savoir plus. Marey, par sa propre action et le travail d'autres personnes influencées par lui, a donné une grande impulsion à la photographie et à la projection de films, par son désir d'en savoir plus sur le mouvement, le mouvement de la vie – les animaux, les oiseaux et les hommes.

Marey fut l'un des premiers grands physiologistes et dirigea pendant des années ce qui était alors le seul laboratoire scientifique privé en France. Il est né à Beaume, en France, en 1830, et à dix-neuf ans, il part à Paris pour étudier la médecine. Six ans plus tard, il devint interne et, en 1859, obtint son doctorat, réalisant alors son premier travail important sur la locomotion animale. En 1869, il devient professeur au Collège de France et, trois ans plus tard, il est admis à l'Académie de médecine et, en 1878, à l'Académie des sciences.

Vers 1867, Marey commence à étudier les attitudes des animaux en mouvement à l'aide d'un disque magique du Plateau et de dessins réalisés avec l'aide de Mathias Duval, professeur d'anatomie à l'École des Beaux-Arts. Certains des dessins utilisés par Marey dans la Roue de la Vie et un projecteur de lanterne magique ont été dessinés par le colonel Duhousset , grand cavalier et artiste, à partir de photographies instantanées très anciennes et imparfaites.

Avant Marey, il y a eu un certain nombre de tentatives pour enregistrer le mouvement par la photographie. Le plus réussi fut celui de l'astronome français Pierre Jules César Janssen (1824-1907) qui utilisa un pistolet photo , *le Revolver Photographique* , pour enregistrer le transit de Vénus au Japon en 1874. Janssen a peut-être été influencé par les premiers travaux de Marey. Le Dr R.

L. Maddox avait développé en 1871 en Angleterre la photographie sur plaque sèche, basée sur le procédé sur plaque humide de Scott Archer. Cela a contribué à rendre possible la photographie instantanée, ou Chronophotographie , comme on l'appelait.

Janssen a perfectionné la première caméra cinématographique fonctionnelle. Mais il s'agissait d'un gros appareil stationnaire, limité en portée et en sensibilité. L'appareil a été décrit par un astronome français, C. Flammarion, dans la revue *La Nature* du 8 mai 1875, et par Janssen lui-même dans le *Bulletin des Sociétés Photographiques Françaises* du 7 avril 1876. L'appareil de Janssen a pris quarante-huit photos sur une simple plaque tournante, mais il a dit que le nombre pourrait facilement être doublé ou triplé. Un mécanisme d'horloge contrôlait les révolutions de la plaque photographique, mais il était conçu de telle sorte qu'il pouvait également être tourné à la main. Un branchement électrique était également possible.

L'influence du disque magique de Plateau est claire et reconnue par Janssen. L'appareil inversait simplement l'ancien disque Plateau qui montrait des films à travers deux disques tournants, l'un avec les images et l'autre avec les fentes de l'obturateur. Dans le canon astronomique Janssen, un disque était recouvert de produits chimiques photographiques et l'autre présentait les fentes habituelles ; le mouvement intermittent nécessaire était assuré par le mécanisme entraîné par engrenages qui faisait tourner les disques.

Janssen a souligné que l'appareil pourrait être utilisé à des fins physiologiques : pour étudier la marche, la course, le vol et le mouvement des animaux ; mais il n'a jamais eu le temps de développer l'appareil pour des usages physiologiques, qui n'étaient pas dans son domaine immédiat. Il était cependant intéressé par les améliorations et applications ultérieures de Marey.

Le « précurseur » le plus important de la photographie et de la projection cinématographique, en ce qui concerne l'idée de base, fut Louis Ducos du Hauron (1837-1920), un Français qui développa la première méthode réussie d'impression d'images couleur. Louis aimait les sciences, la peinture et la musique, mais il fut retenu à l'école en raison de sa mauvaise santé. A 15 ans, il était un bon pianiste. Il commença ses expériences d'impression en couleurs naturelles vers 1859 et, à l'automne 1868, il réussit. La réaction du public ne fut pas enthousiaste et Louis se découragea. De nombreuses personnes étaient hostiles à sa méthode qui, espérait-il, mettrait des livres, illustrés de nombreuses planches en couleurs, à la portée de tous (comme d'autres suivant son système l'auront finalement fait). C'est pour cette raison qu'il n'a pas réussi à exploiter son idée d'appareil photo et de projecteur d'images.

En mars et décembre 1864, Louis Ducos du Hauron déposa les premiers brevets sur un système cinématographique complet, comprenant un appareil permettant d'enregistrer et de reproduire le mouvement par photographie. Le brevet français était décrit ainsi : « Appareil pour la reproduction photographique de toute vue ainsi que de toutes les modifications que le sujet subit pendant un certain temps ». Un mécanicien d'Agen où Louis a vécu de nombreuses années avec son frère aîné, Alcide, a construit une maquette de l'appareil. Cela n'a pas abouti car le matériel photographique disponible n'était pas suffisamment sensible. Le brevet de Ducos prévoyait même l'utilisation de « bandes » de papier ; des bandes ou des bobines de film ont finalement résolu le problème du cinéma, mais pas avant la fin du 19e siècle. Comme dans l'un des projecteurs d' Uchatius , la caméra et le projecteur de Louis Ducos du Hauron utilisaient un certain nombre de petites lentilles.

Parmi les autres brevets déposés par ce petit Français élancé et timide qui ne s'animait véritablement qu'en parlant d'une de ses inventions, citons la photographie couleur en 1868, un moulin à vent horizontal en 1869, un appareil photo combiné naturel et photographique en 1874, des appareils photographiques en 1888 et 1892. En 1896, il se tourne à nouveau vers le cinéma, après que d'autres l'aient perfectionné, en proposant un système optique destiné à supprimer toute interruption de la lumière dans la projection et la photographie de films.

Les honneurs vinrent très tard à Ducos du Hauron et jusqu'à sa mort il se reprocha de ne pas exploiter suffisamment ses idées. Mais lorsqu'il a tenté de le faire , il n'a rencontré que de l'indifférence, car les scientifiques ne s'intéressaient pas au travail de quelqu'un qui n'avait pas de statut universitaire. Aujourd'hui, Ducos du Hauron est considéré comme l'un des plus grands génies de la photographie. Il a en fait prédit et décrit un film couleur monopack . Les nombreux bons procédés de couleur de ce type sont des réalisations modernes de ses extraordinaires analyses scientifiques.

Marey était familier d'une manière générale avec tous ces développements et idées, mais il était essentiellement un scientifique et non un photographe. Pour lui, la photographie cinématographique n'était qu'un bon moyen d'en apprendre davantage sur le mouvement vivant. Vers 1870, il avait réalisé des études de mouvements par d'autres moyens en plus des photographies primitives et des dessins réalisés à partir de ces photographies. Les résultats de ces études étaient connus dans le monde entier et ont eu une influence directe sur les photographes qui ont réussi à prendre des photos successives d'animaux en mouvement. Ces photographes étaient Eadweard Muybridge et John D. Isaacs.

Eadweard Muybridge (1830-1904), ou Edward James Muggeridge, comme on l'appelait à l'origine, est né en Angleterre, à Kingston-on-Thames. Dans sa jeunesse, c'était un aventurier qui faisait de la photographie son métier. Il effectue de nombreux allers-retours entre les États-Unis et l'Angleterre. Il fut grièvement blessé dans un accident d'autocar en fuite en juillet 1860, dans l'Arkansas, et obtint plus tard plusieurs milliers de dollars de dommages et intérêts de la Southern Overland Stage Company. De retour aux États-Unis après une visite en Angleterre, suite à l'accident, Muybridge reçut une mission pour photographier, pour le United States Coast and Geodetic Survey, le nouveau territoire de l'Alaska, acheté par les États-Unis en 1867. Après cette mission, il s'installa à San Francisco.

En 1872, le gouverneur Leland Stanford de Californie a parié 25 000 $ dans le cadre d'un différend sur la question de savoir si toutes les jambes d'un cheval courant au grand galop décollaient ou non simultanément du sol. L'œil n'était pas assez vif pour trouver la réponse. Les cavaliers n'ont jamais été entièrement satisfaits des dessins et des images réalisés par les artistes représentant des chevaux en mouvement. Sanford, comme Terry Ramsaye le décrit dans son histoire du film *A Million and One Nights* , envoya chercher en 1872 le photographe Muybridge et le fit se rendre au circuit de Sacramento pour obtenir des preuves photographiques afin de régler le différend. Au fil des années, Stanford a dépensé bien plus que le pari de 25 000 $ consacré aux expériences photographiques. Et de ces expériences est née la légende selon laquelle Muybridge aurait inventé le « cinéma ».

Vers 1870, Marey avait établi le mouvement des jambes d'un cheval au galop grâce à ses investigations physiologiques. Mais à cette époque , il n'avait aucune preuve photographique de sa théorie. Des années plus tard, Muybridge a déclaré que Stanford avait tiré ses idées de base sur les photographies pour gagner le pari des écrits de Marey.

Muybridge aurait pu réussir ses premières expériences sans une interruption d'environ cinq ans. Il avait des troubles domestiques qui se terminaient par des violences. En octobre 1874, il tua par balle le major Harry Larkyn qui s'était enfui avec sa femme. Après un procès sensationnel au cours duquel la défense réussit à mettre mentalement les jurés à la place de Muybridge, il fut acquitté le 5 février 1875 au palais de justice de Napa, en Californie.

Stanford maintenait un intérêt amical pour Muybridge parce qu'il s'intéressait de plus en plus au problème des mouvements d'un cheval en action rapide et qu'il souhaitait obtenir des preuves pour confirmer la nouvelle théorie de la locomotion animale qui avait été développée principalement par Marey en France. Stanford s'intéressait principalement aux allures de course des chevaux et à d'autres mouvements en second lieu.

Les histoires sur ce qui s'est réellement passé en 1877 ne sont pas identiques. Muybridge a déclaré en 1883 lors d'une conférence au Franklin Institute de Philadelphie : « Étant très intéressé par les expériences du professeur Marey... J'ai inventé une méthode d'emploi d'un certain nombre de caméras... J'ai expliqué mes expériences projetées à un riche résident. de San Francisco, M. Stanford, qui a généreusement accepté de mettre à ma disposition les ressources de son élevage et de rembourser les frais de mon enquête, à la condition que je lui fournisse, pour son usage privé, quelques exemplaires de les résultats envisagés.

Sur la simple déclaration, la position de Muybridge est sujette à de sérieuses questions. Il est certainement peu probable que Stanford paie toutes les dépenses simplement pour obtenir quelques copies des « résultats prévus pour un usage privé ». La propriété des résultats a fait l'objet de nombreux différends. Stanford a protégé les images par le droit d'auteur en 1881 et les a fait publier dans un livre édité par le Dr J. D. B. Stillman, intitulé *The Horse in Motion* . Dans ce livre, l'histoire raconte que lorsque Muybridge revint à San Francisco en 1877, il fut engagé pour poursuivre les expériences de Stanford. Selon Stillman, en 1877, des photos furent prises d'un des chevaux de Stanford, avec un seul appareil photo et « l'une d'elles, le représentant avec tous ses pieds dégagés du sol, fut agrandie, retouchée et distribuée aux parties intéressées ». Il s'agissait alors simplement d'un effort supplémentaire pour obtenir une image unique, précise et rapide de l'action.

John D. Isaacs, plus tard ingénieur en chef du Harriman Railroad System, avait conçu et supervisé toute l'installation de l'appareil photo à batterie. Son nom a été suggéré à Stanford par Arthur Brown, alors ingénieur en chef de la maintenance du Pacifique Central, l'un des intérêts de Stanford. Isaacs était un jeune homme fraîchement sorti de l'Université de Virginie, où il avait obtenu son diplôme en 1875. C'était un photographe amateur et très familier avec le travail de Marey et celui des photographes de France, d'Angleterre et de l'est des États-Unis.

En 1878, des efforts supplémentaires furent déployés sur la piste privée de Stanford à Palo Alto, où le système de caméras à batterie fut introduit et de bons résultats furent obtenus. Chaque appareil photo de la batterie était équipé d'un obturateur à action rapide et était déclenché successivement par un dispositif mécano-électrique. (Illustration <u>page ci-contre</u> .)

Les résultats les plus réussis, qui n'étaient guère meilleurs que les silhouettes, ont été obtenus lorsque vingt-quatre caméras, espacées d'environ un pied, ont été utilisées. En réalité, les photographies n'ont pas été réalisées à intervalles égaux de temps mais d'espace. Les caméras et l'arrière-plan étaient alignés pour une mesure de distance et non de temps.

Bien qu'Isaacs ait apporté ses compétences en ingénierie au développement de l'appareil, parce qu'il s'intéressait principalement à l'ingénierie ferroviaire et que cette affectation à son passe-temps photographique était une faveur pour le « grand patron », Muybridge a obtenu seul les brevets sur la méthode. Les 27 juin et 11 juillet 1878, il dépose un brevet sur « Une méthode et un appareil pour photographier des objets en mouvement » (le système de batterie) et sur les commandes d'obturateur à double action. Les brevets ont été délivrés en mars 1879. Des plaques de collodion humide ont été utilisées dans chaque caméra et une vitesse allant jusqu'à 1/5000ème de seconde a été revendiquée par Muybridge dans ses demandes. Isaacs devint plus tard ingénieur en chef du Southern Pacific Railroad System tandis que Muybridge fit de la photographie « scientifique » une profession.

Le cheval en mouvement, 1882

SYSTÈME DE CAMÉRA développé par John D. Isaacs, ingénieur, et Eadweard Muybridge, photographe, qui prenait des photos à intervalles égaux d'espace plutôt que de temps. Il s'agissait d'un pari sur la nature des mouvements d'un cheval.

Plus tard dans sa vie, Muybridge chercha à s'établir en tant que scientifique et, dans cet effort , il s'appuya largement sur les données physiologiques provenant de Marey en France. Muybridge était un photographe qui, grâce aux ressources de Stanford, un bailleur de fonds riche et déterminé, est entré en possession d'une méthode permettant de prendre des photos successives d'actions. Même si la méthode était lourde et inexacte, Muybridge ne la modifia jamais mais continua à l'exploiter pour le reste de sa vie.

PARC PHYSIOLOGIQUE. Paris, ci-dessus, le premier studio de cinéma. Marey a installé la caméra dans un boîtier sur rails. Ci-dessous, le pistolet photo de Marey, premier appareil photo portable permettant de photographier le mouvement.

Marey, en France, fut ravi d'entendre parler des résultats des travaux de Muybridge et de les examiner, car c'était enfin une excellente confirmation de ses théories physiologiques. Marey, tout en louant le travail de Muybridge, a noté certaines erreurs résultant du système de caméra à batterie : le paysage et non l'animal semblait bouger lorsque les photographies résultantes étaient analysées dans le disque magique du Plateau ainsi que l'intervalle de temps, comme indiqué ci-dessus, n'était pas exact.

Marey a été le premier à synthétiser le mouvement des photographies en les montant de manière à pouvoir reconstruire l'action. Muybridge n'avait aucun intérêt pour cette phase du sujet jusqu'à ce qu'il rencontre Marey et apprenne de lui. Même après, Muybridge a continué à s'intéresser principalement à la prise de photos et non à leur étude et à leur analyse. Techniquement parlant, Marey a analysé et synthétisé les résultats obtenus sur les photographies de Muybridge.

En plus d'utiliser le simple disque Plateau qu'une seule personne à la fois pouvait voir, Marey fit, un peu plus tard, copier les photographies sur des lames de verre, les monter sur un disque tournant et les projeter sur un écran avec le projecteur de type Uchatius, équipé d'une fente tournante . obturateur. Cette démonstration scientifique fut la première véritable projection cinématographique d'un mouvement réel et non posé comme dans les démonstrations Heyl, Bourbouze et autres d'environ 1870.

Gaston Tissandier , rédacteur en chef de *La Nature* , dans le numéro du 7 décembre 1878, écrivait sur « Les attitudes du cheval, représentées par la photographie instantanée », et discutait des photographies d'Eadweard Muybridge de San Francisco qui étaient exposées dans la firme Brandon. et Morgan Brown, 1, rue Lafitte, Paris. Les premiers travaux de Marey ont été évoqués et l'importance des nouveaux tableaux a été soulignée.

Le 28 décembre 1878, une lettre de Marey, publiée dans *La Nature* , exprimait l'espoir que Muybridge enregistrerait et analyserait également l'action des oiseaux en vol ainsi que des animaux en mouvement. Marey a mentionné l'efficacité de telles images dans les disques de la Roue de la Vie et leur valeur en zoologie. Là aussi, Marey parlait d'un pistolet photographique qu'il inventerait plus tard.

Une lettre de retour de Muybridge fut publiée le 17 février 1879 dans la même revue : « Veuillez avoir la bonté de transmettre au professeur Marey l'assurance de ma plus haute estime et de lui dire que la lecture de son célèbre livre sur le mécanisme animal avait inspiré le gouverneur de Stanford. avec la première idée de la possibilité de résoudre le problème de la locomotion à l'aide de la photographie. M. Stanford m'a consulté à ce sujet et, à sa demande, j'ai décidé de me charger de cette tâche. Il m'a demandé de suivre une série d'expériences des plus complètes. Muybridge a également déclaré qu'il utilisait jusqu'à trente caméras, installées à douze pouces de distance, et qu'il prévoyait d'étudier tous les mouvements, y compris les vols d'oiseaux qui intéressaient tant Marey à l'époque.

Dans le numéro du 17 mars de *La Nature* , Marey s'est dit heureux que Muybridge entreprenne une étude des oiseaux en vol. Dans le même numéro parut une intéressante lettre d'Eugène Vassel, capitaine de l'armement du canal de Suez, datée du 20 janvier 1879, commentant l'idée de Marey d'un pistolet photographique et racontant l'idée d'un appareil photo automatique similaire. Cela montre qu'à l'époque, même aux extrémités du monde, les plus éloignées des principaux centres éducatifs et scientifiques, le problème de la photographie d'objets en mouvement naturel était à l'étude. Il y avait alors en effet un long chemin entre Paris, San Francisco et Suez.

En 1880, les disques magiques du Plateau équipés de photographies de Muybridge étaient en vente en Angleterre et à peu près à la même époque en France. Dans le numéro du 31 décembre 1881 de *La Nature*, plusieurs d'entre eux furent illustrés et les possibilités de leur utilisation à des fins d'instruction et de divertissement furent discutées. Il était évident qu'ils étaient courants comme jouets à Paris. Les sujets comprenaient l'original d'un cheval en mouvement et même un élément comique d'un mulet tapant dans un ballon.

Muybridge, à l'été 1881, se rendit à Paris et y tomba directement sous l'influence de Marey qui se montra toujours très généreux en exprimant son appréciation d'un travail précieux. En cela, la nature de Marey rappelle celle de Plateau, le Belge. De toute évidence, Muybridge n'avait pas rêvé de l'importance de ses images pour l'étude physiologique et à d'autres fins similaires jusqu'à ce qu'on le lui explique. C'est la quête pressante de Marey d'une plus grande perfection dans la reproduction de la nature qui a fortement stimulé le développement de la science de l'art cinématographique. Peut-être aurait-il, lui aussi, été surpris s'il avait su que le cinéma, bien qu'il soit un grand instrument scientifique, trouverait pendant de nombreuses années au moins son utilisation principale comme moyen de divertissement. Jusqu'au bout, Marey l'a toujours pensé pour la science et, s'il ne dédaignait pas les usages ludiques, son intérêt était exclusivement d'élargir le champ de la connaissance.

À Paris, Muybridge rencontra de nombreux notables, dont Jean Louis Ernest Meissonier (1815-1891), peintre français spécialisé dans les détails et la reproduction exacte de la nature. Meissonier appréciait la valeur des photos de Muybridge, tout comme le travail de Marey sur l'analyse du mouvement des animaux et des hommes, comme aide à la peinture. À partir de cette époque, Meissonier conserva toujours dans son atelier un disque Plateau et un appareil de projection afin que les photographies des objets à peindre puissent être étudiées en premier par lui-même et ses collègues. Muybridge a manifestement pris goût à Meissonier et à son œuvre car il l'a distingué plus tard comme un peintre (l'un des rares) qui était exact dans sa représentation des animaux en mouvement avant même que les preuves de photographies instantanées ne soient disponibles.

Lors de sa visite à Paris, Muybridge a non seulement acquis des connaissances scientifiques auprès de Marey et de ses associés, mais s'est également approprié un appareil de projection pratique, au point même de s'approprier le nom de Charles Reynaud, un inventeur français qui fut plus tard le premier grand showman du cinéma. , même s'il préfère utiliser des films dessinés à la main plutôt que des photographies.

Charles Emile Reynaud (1844-1918) développa en 1877 le Praxinoscope qui était un agencement ingénieux du dispositif à disque magique du Plateau. Les différentes images étaient montées à l'intérieur d'une roue horizontale et étaient visualisées sur un miroir polygonal au centre. Dans ce dispositif, un certain nombre de spectateurs pouvaient observer les personnages en mouvement. La lumière était réfléchie par une lampe montée au-dessus. Des photographies ont également été utilisées dans divers modèles de Praxinoscope. C'était utile pour la recherche de couleurs. Dans un article de *La Nature* du 1er février 1879, on affirmait que M. Reynaud avait déjà prévu un modèle de projection qui projetterait sur un écran, devant un large public, des personnages grandeur nature du Praxinoscope. En 1880, la Société française des photographes fut sollicitée pour s'intéresser à ce problème.

En 1881, ou l'année suivante, Reynaud obtient le succès avec le Praxinoscope à Projection ou Lamposcope décrit par Gaston Tissandier , dans le numéro du 4 novembre 1882 de *La Nature* . Une lanterne projetait l'arrière-plan et l'appareil mobile projetait les images animées. Les dessins étaient colorés sur des lames de verre reliées en une bande. Un avantage particulier du praxinoscope ou lamposcope à projection Reynaud était qu'aucune source de lumière spéciale n'était nécessaire. Une lampe de table commune convenait. Bien entendu, l'appareil ne pouvait projeter qu'une seule scène à la fois, car celui-ci ne disposait pas de bobines pour manipuler la bande de lames de verre.

Un soir, au début de 1882, Marey fit assister Muybridge à un grand rassemblement. Helmholtz, Bjerknes, Govi , Crookes et d'autres de l'Académie française des sciences étaient également présents. Le projecteur équipé des photos d'action de Muybridge a fait ses débuts. Marey, des années plus tard, commenta que ces scientifiques n'avaient jamais rien vu d'aussi loin dans la reproduction de la nature que des photographies de type Muybridge montées dans son disque et son projecteur Zoopraxinographoscope .

En mars 1882, Muybridge se trouvait dans son Angleterre natale et présenta deux projections de ses photographies, illustrées par un projecteur qu'il appela Zoopraxiscope, empruntant presque entièrement le nom à Reynaud et les données scientifiques à Marey. Muybridge a donné une conférence intitulée « Attitudes des animaux en mouvement, illustrées au Zoopraxiscope », lors d'une réunion spéciale de la Royal Institution of Great Britain, tenue le 13 mars 1882, avec Son Altesse Royale le prince de Galles, membre honoraire, présider. Le matériel a déjà été présenté dans un article lu devant la Royal Society. Muybridge a déclaré : « Les analyses de certains des mouvements étudiés à l'aide d'expositions électro-photographiques... sont rendues plus parfaitement intelligibles par la reproduction du mouvement réel projeté sur un écran à travers le zoopraxiscope. »

Le pas, le trot, l'amble, le crémaillère, le galop, la course et le galop - qui sont les différentes allures d'un cheval - ont été longuement discutés en mettant l'accent sur les aspects physiologiques. Au sens figuré, Marey devait se tenir à côté de Muybridge pendant qu'il parlait. La conférence, pratiquement mot pour mot, fut donnée par Muybridge en février 1833 au Franklin Institute de Philadelphie. Mais il est significatif de noter qu'à l'époque il n'était pas fait mention du Zoopraxiscope. Muybridge n'était manifestement pas un bon opérateur et il semble y avoir eu des difficultés avec le projecteur. Le fonctionnement du projecteur posait alors un problème car il devait y avoir une relation entre le nombre d'images et les fentes de l' obturateur de projection. Muybridge semble avoir trouvé cela trop difficile et s'est lancé dans la tâche de prendre des images successives qui pourraient ensuite être transformées en de beaux livres illustrés.

Pendant ce temps, au printemps 1882, Marey terminait enfin les travaux sur son pistolet photographique qu'il avait conçu plusieurs années auparavant. Marey fait alors installer un grand atelier à ciel ouvert dans le bois de Boulogne. (Illustrations en regard de <u>la page 121.</u>)

Marey dit avoir travaillé douze ans sur le sujet général du mouvement, situant ainsi ses premiers efforts en 1870. Les « belles photographies instantanées de Muybridge prouvent son travail », déclare-t-il. Il poursuit en disant qu'en 1878 il a eu l'idée d'un pistolet photographique quelque peu analogue au revolver astronomique de Janssen. Finalement, il résolut de consacrer l'hiver 1882 à la réalisation du projet.

Marey a utilisé son arme pour étudier son projet préféré : les oiseaux en vol. Le pistolet photographique de Marey fut le premier appareil photo cinématographique pratique, aussi primitif et limité soit-il. En ce sens, c'était l'original de toutes les caméras d'actualités et autres caméras cinématographiques portables. Il convient de noter qu'à notre époque, les appareils photo sont montés comme « canons photographiques » dans les avions, en remplacement du tir en temps de paix et pour vérifier les résultats en temps de guerre.

Vers cette époque, Georges Demeny (1850-1917) s'associe à Marey dans ce travail. Marey a toujours fait honneur à son élève, aide et collaborateur. Finalement, cependant, ils se séparèrent parce que Demeny était intéressé par la commercialisation de ses travaux et que Marey souhaitait continuer avec la science pure. Plus tard, Demeny a affirmé que ses idées cinématographiques étaient supérieures à celles de Marey et qu'il était responsable de l'exécution effective de tous les plans. À treize ans, Demeny avait commencé à inventer chez lui, mais son père, musicien, voulait qu'il devienne professeur d'université. En 1874, il se rend à Paris et à la Sorbonne est l'élève de Marey en physiologie et de Mathias Duval — qui travaille également avec Marey —

en anatomie. Il fait des études de médecine et ouvre l'un des premiers établissements d'éducation physique appelé *Le Cercle de Gymnastique . Rationnelle* . À partir de 1880, il supervisa de nombreuses études au parc physiologique de Marey.

En juillet 1882, Marey proposa l'utilisation d'une bande de papier sensibilisé dans l'appareil photo. Pour diverses raisons, le papier n'était pas satisfaisant et, bien entendu, il était peu pratique pour une projection directe car il risquait d'être incendié par la lampe de projection. Les Langenheim de Philadelphie avaient résolu le problème de la projection de photographies dans la lanterne magique en mettant au point une méthode d'impression de l'image sur verre. Cependant, un projecteur équipé, comme le modèle original d' Uchatius , d'un disque tournant ne pouvait contenir que quelques lames de verre. Cela limitait les images projetées à une brève action.

En 1887 et 1888, Marey obtient son premier véritable succès dans ce qu'il appelle la chronophotographie , utilisant une machine à boîte qui prenait huit photos par seconde sur une seule plaque métallique ou sur une bande de papier sensibilisé. Marey avait du mal à contrôler le film papier car il n'était pas perforé et les images n'étaient pas équidistantes. Cependant, cela ne faisait aucune différence pour Marey puisque son objectif principal était d'obtenir des données pour des études physiologiques, et non des films de divertissement.

En 1888, Marey obtient une série réussie de photographies de poissons nageant, prises avec une action intermittente sur un rouleau de papier. Les images ont été prises au rythme de vingt ou soixante par seconde. Cette méthode d'utilisation de bandes de papier évite la nécessité d'opérer dans une chambre de caméra sombre. Au début, les bandes photographiques en papier étaient chargées dans une pièce sombre, limitant la portée de l'appareil photo, mais plus tard, des appareils photo résistants à la lumière ont été perfectionnés. Marey a également proposé un système optique comportant un miroir tournant qui rendrait inutile une action intermittente. Mais cette méthode gaspillait le film.

Ottomar Anschütz (1846-1907), un contemporain de Marey et Muybridge, et lui-même photographe talentueux, fut un Allemand qui élabora l'un des meilleurs systèmes d'exposition d'une série d'images avant Edison, sur lequel il eut une influence. . Peu de temps après l'arrivée des images de Muybridge en Europe, Anschütz commença des expériences similaires. Selon Marey, il a obtenu de meilleurs résultats que Muybridge, même si les résultats n'étaient pas parfaits, avec une certaine distorsion. Anschütz a obtenu des photographies d'action plus nettes que Muybridge car ses images pouvaient être utilisées dans le disque magique du Plateau ou dans le projecteur sans être copiées sous forme de silhouettes comme cela a été fait avec les photographies de Muybridge jusqu'à une date tardive.

En 1883, Anschütz essaya d'utiliser une seule caméra selon le principe du canon Marey, mais obtint de meilleurs résultats avec une batterie de quarante-huit caméras. Les ouvertures des obturateurs du Zoetrope ou disque magique étaient modifiées en fonction du nombre de photos de la série particulière.

La principale renommée d'Anschütz réside dans le fait qu'il fut le premier à combiner avec succès les images instantanées d'un objet en mouvement avec le brillant éclair intermittent du tube Geissler électrique. Heinrich Geissler (1814-1879), mécanicien et physicien allemand, inventa vers 1854 un tube électrique dans le but d'étudier les décharges dans les gaz raréfiés. L'appareil se composait d'un mince tube de verre, équipé de fils de platine scellés à chaque extrémité et remplis d'un gaz raréfié, et d'une connexion de batterie électrique.

En 1889, Anschütz a annoncé le Tachyscope électrique, un appareil de visualisation de films qui est devenu populaire dans le monde entier. Ses photographies d'action étaient montées sur une roue et éclairées successivement par le flash électrique intermittent d'un tube Geissler. Les grandes photographies ont été visionnées directement par le public dans une salle attenante. L'appareil d'Anschütz a été représenté pour la première fois aux États-Unis dans le *Scientific American* du 16 novembre 1889. Un modèle de machine à sous a également été conçu et présenté à Francfort, en Allemagne, en 1891, et à l'Exposition universelle de Chicago en 1893, où plusieurs personnes l'ont vu. et ont eu l'idée d'essayer de réaliser la projection de films grandeur nature d'actions complètes au lieu de simples phases de mouvement. (Illustration en regard de <u>la page 149.</u>)

La technique générale développée par Anschütz dans son Tachyscope électrique est désormais utilisée dans la prise de films stroboscopiques. Il peut également être appliqué dans de nouveaux processus photographiques, cinématographiques et télévisuels pour augmenter la profondeur de champ.

En 1893, Muybridge donna une conférence à l'Exposition universelle de Chicago au Zoopraxographical Hall, où des centaines de ses photos furent exposées. Le même matériel a été publié par l'Université de Pennsylvanie sous le titre de *Zoopraxographie descriptive , ou science de la locomotion animale rendue populaire* .

Muybridge s'était installé en 1885 avec un poste à l'Université de Pennsylvanie, où il prenait de nombreuses photos avec le même système de batterie, empruntant cependant à Marey quelques idées sur les arrangements en studio. Muybridge n'a jamais amélioré sa technique ni réalisé qu'une méthode aussi lourde ne pouvait pas produire de résultats satisfaisants. Cela ne semble pas le déranger car rien ne prouve qu'il cherchait à projeter les ombres magiques sur grand écran devant le public.

En février 1886, Muybridge rendit visite à Edison dans son laboratoire du New Jersey et lui montra des plaques de films successifs ou, plus précisément, une succession d'images fixes de différentes phases de la même action.

Lorsque Muybridge donna une conférence à la London Institution à l'automne 1889, un rapport complet fut publié dans le *British Journal of Photography* du 20 décembre 1889, dans un article de W. P. Adams. On en apprend que Muybridge utilisait alors un simple projecteur muni d'un système d'engrenage qui faisait tourner devant l'objectif un disque de verre d'une quinzaine de pouces de diamètre sur lequel étaient montées les photos ; devant celui-ci se trouvait un disque obturateur en zinc avec des fentes radiales totalisant une de plus que le nombre d'images, afin de donner un mouvement vers l'avant aux personnages. C'était la vieille idée du disque magique du Plateau. Avec le même nombre d'ouvertures dans le volet que les images, les personnages semblent bouger leurs bras et leurs jambes tout en restant au même endroit ; si les volets s'ouvraient moins, il y aurait une apparence de mouvement vers l'arrière. "Les disques tournent à la même vitesse dans des directions opposées, et les figures qui se succèdent rapidement apparaissent sur l'écran comme un mouvement continu de l'animal", a fait remarquer le critique anglais. Muybridge a montré un mouvement d'action lent et normal. Les sujets comprenaient une mule donnant des coups de pied, une femme vidant un seau d'eau, une fille descendant les escaliers en portant une tasse et une soucoupe pour le petit-déjeuner, et ce qui était considéré comme le meilleur de tous, une petite fille trouvant et ramassant une poupée. Notons au passage qu'en plus de faire l'éloge de Meissonier, Muybridge affirmait que les Japonais étaient très en avance sur tous les autres dans la représentation du mouvement dans l'art !

Muybridge a finalement pris sa retraite dans sa ville natale de Kingston, en Angleterre, après avoir acquis une renommée grâce à son travail en Amérique. Mais il obtint plus que la renommée, car il put léguer une somme d'argent considérable, en plus de ses instruments, au musée local. Les efforts visant à localiser les instruments Muybridge au musée de Kingston-on-Thames en 1943 ont échoué.

En 1889, Thomas A. Edison, travaillant déjà sur le problème du cinéma depuis un an ou deux, visite l'Exposition universelle de Paris et y rencontre Marey qui lui montre les résultats obtenus avec ses méthodes de photographie animée et la reproduction de la scène. avec un Plateau-disque combiné à un projecteur et le disque éclairé par un tube Geissler électrique.

Cette machine électrique, exposée lors de l'exposition de Fontaine, un ingénieur français, montrait des images d'animaux en mouvement, ainsi que d'hommes et d'oiseaux. L'ancienne photo de chevaux en mouvement dans des allures différentes a de nouveau été présentée. Ce système plut plutôt à Marey, car il remarqua qu'il serait difficile de construire une meilleure Roue de la Vie, même si Edison l'avait déjà réalisé dans son laboratoire de West Orange, New Jersey. Les limites de la méthode, cependant, ont été pleinement reconnues par Marey qui a mentionné le petit nombre d'images pouvant être montrées, l'agrandissement restreint et les problèmes de mouvement intermittents. De plus, l'appareil était bruyant et le scintillement n'avait pas été éliminé.

Ainsi, l'année 1889 réunit deux grandes figures, Marey, un scientifique pur dont le zèle pour l'apprentissage de la locomotion aboutit à des améliorations dans ce qui allait être l'art-science du cinéma, et Edison qui inventa la première caméra cinématographique entièrement pratique et le premier dispositif de peep-show cinématographique qui allait inspirer les projecteurs lors de leur création définitive, définissant le modèle jusqu'à nos jours.

XV
EDISON'S PEEP-SHOW

Edison se tourne vers le cinéma – Donisthorpe d'Angleterre met tout cela sur papier – Eastman fabrique des films – Edison perfectionne une caméra de cinéma, le kinétographe, et un judas, le kinétoscope – Première mondiale, New York – avril 1894.

DANS LE LABORATOIRE de Thomas Alva Edison, le développement d'une caméra cinématographique et d'un appareil de visualisation réalisable a été réellement réalisé. Le leadership dans le domaine de l'art et de la science de l'ombre magique est venu une fois de plus avec Edison aux États-Unis et n'a pas quitté ce pays depuis. En conséquence, l'Amérique et le cinéma sont liés dans l'esprit de millions de personnes à travers le monde.

Edison est arrivé au cinéma grâce à son phonographe parlant, qu'il avait développé non pas comme une machine de divertissement mais comme un appareil qui remplacerait le sténographe judiciaire et dans d'autres procédures nécessitant un enregistrement précis. Les expériences cinématographiques étaient plutôt réalisées comme un passe-temps et une diversion par rapport à une recherche et une invention plus sérieuses ; le but était de combiner l'audition et la parole automatiques du phonographe avec la vue et l'action du film.

Curieusement, c'est Plateau, un homme devenu aveugle, qui a rendu possible le premier film ; Edison, qui était assez sourd, a grandement contribué à l'enregistrement et à la reproduction du son.

Edison, en novembre 1877, envoya à son ami Alfred Hopkins, rédacteur en chef du *Scientific American* , plusieurs croquis de modèles de sa nouvelle invention dans lesquels « la parole était capable de se répéter indéfiniment à partir d'enregistrements automatiques ». Le mois suivant, un modèle était perfectionné. L'incident a été décrit comme suit dans le numéro du 22 décembre 1877 du *Scientific American* : « M. Thomas A. Edison est récemment entré dans ce bureau, a placé une petite machine sur notre bureau, a tourné la manivelle, et la machine s'est enquise de notre santé, nous a demandé si nous aimions le phonographe, nous a informés qu'il allait bien et nous a offert *un* cordial bonne nuit." Il a été constaté que le son était entièrement audible par une douzaine de membres du personnel rassemblés autour. L'auteur a également noté : « Lorsqu'il deviendra possible d'amplifier le son, comme ce sera sans doute le cas, le témoin au tribunal verra son propre témoignage répété. Le testateur répétera son propre testament.

Le rédacteur en chef du *Scientific American* a conclu son commentaire sur le phonographe Edison « Talking » en disant : « Il est déjà possible de projeter des photographies stéréoscopiques de personnes sur des écrans à la vue d'un public (c'est-à-dire des images fixes). Ajoutez le phonographe parlant pour contrefaire leurs voix et il serait difficile de pousser plus loin l'illusion d'une présence réelle.

La description du phonographe Edison a attiré une grande attention. L'article mentionné ci-dessus a été cité dans son intégralité dans *Nature* , une publication britannique. Cela a conduit Wordsworth Donisthorpe à établir le premier plan complet du film parlant. D'autres, bien sûr, en avaient eu l'idée, mais jusqu'alors le projet n'avait jamais été exprimé aussi clairement et complètement.

Wordsworth Donisthorpe , né en 1847, était un avocat anglais qui, tout au long de sa vie, a entretenu un vif intérêt pour de nombreuses affaires. C'était un individualiste déclaré, fervent partisan du gouvernement local. Il a écrit des livres sur des sujets tels que *le droit dans un État libre* et *l'amour et le droit* , ainsi que sur des sujets scientifiques. Lorsqu'il a conçu son appareil, le Kinesigraph , il vivait à Princes Park, à Liverpool.

Après avoir entendu parler du phonographe d'Edison, Donisthorpe a écrit au magazine *Nature* et a évoqué l'idée de combiner le phonographe et la projection fixe suggérée par le rédacteur en chef du *Scientific American* . Donisthorpe a cité ce commentaire et a ensuite déclaré :

Aussi ingénieuse que soit cette combinaison suggérée, je crois que je suis en mesure de la plafonner. En combinant le phonographe et le kinésigraphe , je n'entreprendrai pas seulement de produire une image parlante de M. Gladstone qui, avec les lèvres immobiles et l'expression inchangée, récitera positivement son dernier discours anti-turc avec sa propre voix et son propre ton. De plus, le phonographe grandeur nature lui-même doit bouger et gesticuler exactement comme il le faisait lors du discours, les mots et les gestes correspondant comme dans la vie réelle. C'est sûrement un progrès par rapport à la conception du *Scientific American* !

Le mode dans lequel j'effectue ceci est décrit dans les spécifications provisoires qui l'accompagnent, qui peuvent être brièvement résumées ainsi : Des photographies instantanées de corps ou de groupes de corps en mouvement sont prises à intervalles égaux et courts, disons un quart ou une demi-seconde, l'exposition du plaque n'occupant pas plus d'un huitième de seconde. Après fixation, les empreintes de ces plaques sont prises les unes en dessous des autres sur une longue bande de ruban ou de papier. La bande est enroulée d'un cylindre à l'autre de manière à faire défiler successivement devant l'oeil les différentes photographies aux mêmes intervalles de temps que ceux auxquels elles ont été prises.

Chaque image qui passe devant l'œil est instantanément éclairée par une étincelle électrique. Ainsi, l'image semble stationnaire tandis que les personnes ou les choses qui s'y trouvent semblent bouger comme dans la nature. Je n'ai pas besoin d'entrer plus dans les détails, si ce n'est de dire que si les intervalles entre la présentation des images successives s'avèrent trop courts, les lacunes peuvent être comblées par des doubles ou des triples de chaque tirage successif. Cela ne modifiera pas sensiblement l'effet général.

Je pense qu'on admettra que par ce moyen, un drame joué par la lumière du jour ou la lumière du magnésium peut être enregistré et réagi sur l'écran ou la feuille d'une lanterne magique, et qu'avec l'aide du phonographe, les dialogues peuvent être répétés dans les voix mêmes de les acteurs.

Lorsque cela sera effectivement accompli, la photographie des couleurs manquera seule à rendre la représentation absolument complète et pour cela nous n'aurons pas, j'espère, à attendre longtemps.

On ne sait pas si Edison a lu ou non la suggestion de Donisthorpe . Quoi qu'il en soit, il fallut dix ans, pas avant 1887, pour qu'Edison décide de tenter de combiner le phonographe, grandement amélioré à cette époque, et un appareil cinématographique.

Après avoir achevé les améliorations du phonographe en 1886 et attendu l'ouverture de nouveaux laboratoires, Edison se retrouva avec quelques moments d'inactivité. Au milieu ou à la fin de 1887, Edison commença à travailler sur ce qui allait devenir son kinétographe, la première caméra cinématographique capable de photographier quelques secondes d'action à la fois, et le kinétoscope, le dispositif de cinéma populaire qui permettait de filmer des peep-shows. a présenté l'art magique de l'ombre au public moderne et a ouvert la voie à l'établissement de l'industrie cinématographique.

Edison était assisté dans ses expériences cinématographiques par William Kennedy Laurie Dickson, un homme qui entretenait avec Edison la même relation que George Demeny entretenait avec Marey en France. Conformément à la tradition Demeny, Dickson a finalement rompu avec son maître et s'est engagé dans une controverse sur la priorité des idées et les contributions réelles à divers développements. Mais Edison et Marey ont tous deux fourni les idées et dirigé les travaux, tandis que Dickson et Demeny étaient responsables de la réalisation des expériences. Tous deux ont apporté une contribution importante.

Edison avait employé Dickson lorsqu'il était jeune, juste après son arrivée d'Angleterre aux États-Unis, et il était un associé de confiance, ayant d'abord travaillé avec Edison dans l'installation des câbles souterrains à New York. En 1887, Dickson fut appelé au laboratoire privé d'Edison et se vit confier deux projets majeurs à superviser : (1) un appareil magnétique pour séparer les minerais et (2) un appareil pour combiner les sons du phonographe et les images.

À la fin de 1887, dans la « salle cinq » du laboratoire privé d'Edison, Dickson commença à travailler sur les idées d'Edison concernant un dispositif cinématographique. Les premiers efforts furent centrés sur un système d'enregistrement à cylindre, analogue au phonographe à cylindre qu'Edison préférait au type à disque. Il n'a pas pris la peine de breveter le style du phonographe à disque et a ainsi perdu une fortune comme il l'a fait dans d'autres affaires de brevets, y compris les droits étrangers sur sa caméra de cinéma et son appareil de peep-show. Les premières images animées d'Edison étaient extrêmement petites et devaient être inspectées au microscope. Vers 1870, Talbot, le pionnier de la photographie, avait travaillé en Angleterre sur un système similaire. Les résultats des expériences d'Edison à cet égard n'ont pas été couronnés de succès.

Ensuite, en 1888 ou au début de 1889, Edison se tourna vers le celluloïd, fabriqué par la Hyatt Company à Newark, et adapté à des fins photographiques par Carbutt à Philadelphie. Ce matériau s'est avéré trop épais pour être enroulé facilement sur des bobines et ne constituait pas une bonne base photographique. Edison a découvert que des encoches ou des perforations étaient nécessaires pour que le film continue de passer à travers la caméra et le dispositif de visualisation à une vitesse uniforme. Il a d'abord utilisé des encoches sur le bas, puis quatre perforations de chaque côté pour chaque tableau ou cadre. L'arrangement d'Edison est resté la norme de travail.

Edison cherchait autour de lui une substance plus appropriée sur laquelle monter les tableaux – ce besoin séculaire. Il l'a trouvé dans un film qui venait d'être fabriqué pour la première fois par George Eastman à Rochester, New York. Une commande a été passée et la solution est apparue à portée de main.

Depuis plusieurs années, Eastman recherchait une substance adaptée à ses appareils photo Kodak afin de rendre la photographie simple et infaillible et de permettre une utilisation amateur généralisée. Son système de « photographie au rouleau » utilisait pendant un certain temps des rouleaux de papier enduits d'une émulsion photographique détachable. Il s'agissait d'une amélioration par rapport aux plaques de verre, mais la méthode était lourde car les Kodak devaient être renvoyés à Rochester pour être rechargés et traités. Au début de 1889, Eastman trouva la réponse dans une base photographique flexible – un plastique – et le film était né. En août de la même année, la fabrication a commencé dans son usine de Court Street à Rochester. Les bandes de film ont été préparées sur des feuilles de verre montées sur des tables de 100 pieds de long . Eastman a déposé une demande de brevet pour son film le 10 décembre 1889.

Quand Edison revint de l'Exposition universelle de Paris de 1889, où Marey lui avait montré des photographies cinématographiques montées sur un grand disque et projetées, et également éclairées par un flash électrique comme dans le Tachyscope d'Anschütz, Dickson put annoncer le succès dans le cinéma. projet. C'était en octobre 1889.

On ne peut jamais décider exactement de ce qui a été montré lors de la première manifestation, car les intérêts d'Edison et de Dickson étaient divisés et les témoignages étaient contradictoires. Rien n'a été fait pendant près de deux ans et les machines à film peep-show n'ont été exposées au public qu'au printemps 1894.

Dickson a affirmé que les images, synchronisées avec un phonographe, avaient été projetées à la taille d'un écran à l'automne 1889. Edison a déclaré qu'il n'y avait pas de projection à l'époque. Entre 1889 et 1894, des expériences de projection ont été réalisées, mais Edison ne pensait pas que la projection de films sur écran connaîtrait un succès commercial, estimant que quelques machines épuiseraient la demande mondiale et qu'une fois la nouveauté passée, l'entreprise mourrait. Il est également possible qu'il n'ait pas été satisfait des expériences de projection car elles devaient être assez imparfaites. Le dispositif à disque magique Edison avait un film en continu et un obturateur tournant au rythme de dix fois par seconde. Aucune source de lumière alors disponible ne permettrait une projection avec cette configuration. Un mouvement intermittent était nécessaire pour un fonctionnement efficace du projecteur comme de la caméra.

Le Harper's Weekly du 13 juin 1891 publia un article de deux pages sur la nouvelle invention d'Edison. On ne prétendait pas que l'appareil était perfectionné, mais qu'il offrait de très merveilleuses possibilités. L'écrivain a déclaré : « Dire que le kinétographe ne peut être rien d'autre qu'un merveilleux jouet serait méchant. »

Edison a déclaré : « Tout ce que j'ai fait, c'est perfectionner ce qui a été tenté auparavant, mais qui n'a pas réussi. C'est juste une étape que j'ai franchie. Le 24 août 1891, Edison dépose une demande de brevet américain mais décide de ne pas investir la somme requise, environ 150 $, pour déposer des demandes à l'étranger. Trop souvent dans le passé, il considérait qu'une demande de brevet de sa part n'était qu'une forme de publicité générale adressée à ses imitateurs et à ses concurrents pour qu'ils commencent à utiliser sa nouvelle invention.

En 1891, le kinétographe d'Edison n'était ni perfectionné ni très apprécié. Dans l'Engineering News du 30 mai 1891, une brève note disait :

Le kinétographe est la dernière invention rapportée de M. Thomas Edison. Dans une interview publiée dans le *New York Sun* , M. Edison a décrit cette machine encore imparfaite comme un instrument avec lequel il photographie un homme ou une compagnie d'hommes en action à la cadence de 46 par seconde. Les négatifs mesurent un demi-pouce carré, pris sur un film continu de gélatine de n'importe quelle longueur souhaitée. Par un agencement ingénieux, les images du ruban de gélatine sont ensuite projetées sur un écran et ce ruban est amené à se déplacer à une vitesse correspondant à la vitesse d'action originale, et en même temps un phonographe est amené à répéter les paroles de l'orateur. représentée. Pour photographier ainsi un acte d'opéra de 30 minutes, par exemple, il faudrait un ruban de 6 400 pieds de long, chaque photographie faisant un demi-pouce carré et nécessitant un pouce d'espace linéaire.

La sphère commerciale du Kinétographe n'est pas encore définie.

Cette dernière observation était tout à fait vraie pour le moment.

Fin mai 1891, un récit indifférent de l'appareil fut envoyé au *London Times* par son correspondant à New York. La question a été commentée dans le magazine *Engineering* de Londres du 5 juin 1891. Cette publication observait que depuis l'invention du téléphone, des efforts avaient été déployés pour faire à la vue ce que le téléphone faisait au son. À propos de l'invention par Edison de la caméra et du téléspectateur, il a été dit : « C'est une question bien moins importante et bien moins originale que ce que l'on pensait. » On affirmait qu'il ne serait pas possible de photographier des intérieurs à la cadence de 46 images par seconde. Mais c'est exactement ce qu'Edison faisait dans son premier studio de cinéma.

Au début de 1893, il fut décidé de commercialiser les appareils de cinéma peep-show. Après un an de report, l' Exposition universelle de Chicago devait ouvrir ses portes au printemps 1893 et on pensait que c'était un endroit idéal pour les débuts de l'appareil. En janvier 1893, le célèbre studio Edison « Black Maria » fut construit principalement en papier goudronné pour un coût d'environ 600 dollars, et les premiers films commerciaux furent réalisés. Dickson était producteur, réalisateur, caméraman et expert en laboratoire. Fred Ott, un mécanicien de laboratoire, et son éternuement ont été parmi les premiers acteurs et « numéros » du film. D'autres sujets comprenaient des danseurs et des sujets de divertissement similaires à caractère de vaudeville, ainsi que des vues panoramiques.

Les débuts de l'appareil de projection avaient été annoncés bien avant son arrivée. La *World's Columbian Exposition Illustrated* , publiée pour la Foire de Chicago de 1893, disait :

Edison montrera son kinétographe. Cette machine est une combinaison, d'abord de l'appareil photo et du phonographe, puis du phonographe et du Stereopticon (projecteur de lanterne magique). Grâce à cette machine, lorsqu'un homme prononce un discours , le phonographe prend ses paroles. Connectée électriquement et en synchronisme avec le phonographe, une caméra prend des photos de l'orateur au rythme de quarante-sept par seconde sur une longue feuille transparente. Celui-ci est développé et fixé puis placé dans un stéréoptique qui est également en synchronisme électrique avec le phonographe. Le stéréoptique montre ces photographies sur l'écran à une fréquence de quarante-sept par seconde, tandis que le phonographe reproduit les mots, et ainsi une représentation réaliste de l'orateur est donnée, avec ses paroles, ses actions et ses gestes précisément tels qu'il prononçait le discours. discours en première instance.

Eastman Kodak

EASTMAN et EDISON. George Eastman et Thomas A. Edison, les deux plus grands contributeurs américains au développement pratique du cinéma, lors d'une réunion en 1928.

Archives d'Edison, 1894

KINETOSCOPE PARLOR, présentant le judas d'Edison, a ouvert ses portes au 1155 Broadway le 14 avril 1894. Les projections ultérieures à Londres et à Paris ont inspiré les inventeurs européens.

L'appareil de projection d'Edison n'était pas encore perfectionné au moment de la Foire ni même plusieurs années après. Même les machines de peep-show Kinetoscope n'avaient pas été fabriquées en nombre suffisant pour y être exposées. Le mécanicien en poste aurait passé trop de temps au bar local au lieu de travailler dans le laboratoire de West Orange. Pendant la Foire, les agents d'Edison attendaient la première livraison de kinétoscopes, mais aucun n'arrivait à temps.

Les demandes de brevet déposées en 1891 par Edison pour « un appareil permettant d'exposer des photographies d'objets en mouvement » et son appareil photo kinétographe furent accordées au printemps 1893.

La première du Kinétoscope d'Edison n'a eu lieu que le 14 avril 1894. Cette première nuit fut l'une des plus importantes pour les ombres magiques, car c'est à partir du Kinétoscope et de la caméra Kinétographe que sont nés les appareils cinématographiques modernes.

Edison a fourni le Kinetoscope à ses agents, Raff & Gammon, à 200 $ chacun, et ils ont été vendus au détail aux forains à des prix allant de 300 $ à 350 $. Andrew M. Holland, un Canadien, a acquis dix kinétoscopes et a ouvert le premier salon de kinétoscope au 1155 Broadway, à New York. L'emplacement était autrefois occupé par un magasin de chaussures et, un demi-siècle plus tard, c'était à nouveau un magasin de chaussures. (Illustration page ci-contre.)

Les kinétoscopes de Broadway ont connu du succès. 120 $ ont été prélevés la première nuit. La projection originale de films était une sorte de « double long métrage » dans la mesure où le spectateur devait payer 25 ¢ pour voir la deuxième ligne de cinq kinétoscopes. Les films comprenaient le célèbre « Fred Ott's Sneeze ».

Dans le *Century Magazine* de juin 1894, il y avait un article de Dickson et Antonia Dickson sur « L'invention du kinétophonographe par Edison ». Edison a écrit un article qui disait en partie qu'il avait eu l'idée qu'il était possible de concevoir un appareil combinant la vue et le son en 1887. « Cette idée, dont le germe est venu du petit jouet appelé le Zoetrope (c'est-à-dire le Plateau- Stampfer magic disk) et le travail de Muybridge, Marie (c'est-à-dire Marey) et d'autres est maintenant terminé, de sorte que chaque changement d'expression faciale puisse être enregistré et reproduit grandeur nature. Le Kinétoscope n'est qu'un petit modèle illustrant le stade actuel des progrès, mais chaque mois, de nouvelles possibilités apparaissent. Edison a ensuite prophétisé qu'avec son œuvre et celle d'autres, « un grand opéra pourrait être donné au Metropolitan Opera House de New York sans aucun changement matériel par rapport à l'original, et avec des artistes et des musiciens morts depuis longtemps ».

Le 16 juin 1894, l' *Electrical World* a rendu compte du « Kinetophonograph » et des modèles de peep-show nickel-in-the-slot exposés au magasin de Broadway. Même alors, la critique n'était pas enthousiaste. Il concluait : « Quant à l'avenir de ce mécanisme des plus ingénieux et des plus intéressants, seul le temps nous dira s'il s'agira d'un nouveau jouet scientifique ou d'une invention d'une réelle valeur pratique. »

Le temps a démontré tout cela et bien plus encore.

La réaction au Kinétographe d'Edison à Paris, vitrine du monde, a été bien plus enthousiaste qu'à New York. Dans *La Nature*, la merveilleuse perfection mécanique de l'appareil de peep-show cinématographique était louée, avec une attention particulière accordée au fait qu'il était entraîné par l'électricité. La firme Werner avait ouvert une démonstration du Kinétoscope au 20 boulevard Poissonnière , à Paris, et les machines étaient utilisées toute la journée et tous les soirs.

Le Kinétoscope a également été exposé à Oxford Street, à Londres, en octobre 1894, apporté de New York par deux Grecs, George Georgiades et George Trajedis . Les projections du peep-show Edison à New York, Paris et Londres ont suscité un intérêt accru pour le cinéma. De ces démonstrations sont nées des machines de projection qui ont enfin amené au monde entier la science de l'art de l'ombre en plein développement.

XVI
PREMIERS PAS

Aux États-Unis, en Angleterre, en France et en Allemagne, des efforts sont déployés pour projeter des films sur écran — des demi-succès, des échecs complets, des déceptions amères et pourtant — un éternel espoir d'exploiter les ombres magiques.

ENTRE LE MOMENT où Edison a obtenu son premier succès avec le cinéma, en 1889, et celui où ses machines de visualisation de peep-shows ont été exposées au public à New York, Paris et Londres en 1894, des pas hésitants et instables, comme ceux d'un bébé apprendre à marcher, ont été pris pour faire progresser la science de l'art de l'ombre magique.

Des progrès ont été réalisés en Angleterre sous la direction de Wordsworth Donisthorpe , un personnage intéressant nommé Louis Aimé Augustin Le Prince, trois associés, Greene, Rudge et Evans, et d'autres. En France, il y avait Marey et Demeny, Marey développant ce qui fut probablement le premier véritable projecteur de cinéma capable de projeter plus d'une courte scène — la limitation de tous les modèles de disques bien qu'il soit destiné uniquement à un usage en laboratoire ; et Reynaud avec le premier cinéma populaire qui n'utilisait cependant pas d'images photographiques. En Allemagne, Anschütz, inventeur du Tachyscope, travaillait sur un projecteur, comme d'autres des deux côtés de l'Atlantique.

Donisthorpe , avec l'aide de W. C. Croft, qu'il décrivit plus tard comme « un bon dessinateur » mais pas un spécialiste de l'optique, construisit vers 1889 un kinésigraphe que Donisthorpe avait initialement suggéré en 1877, à l'époque où il écrivait à propos du phonographe d'Edison et d'un envisagez de le combiner avec une machine à cinéma. Décrivant les circonstances dans une lettre au British *Journal of Photography* du 12 mars 1897, Donisthorpe a déclaré : « J'ai accepté de lui (Croft) s'intéresser à mon invention pour dessiner et superviser la construction de l'instrument, comme je l'étais à cette époque. occupé avec d'autres travaux. Il a noté que Croft n'avait jamais prétendu être son inventeur. Comme le lecteur s'en souviendra, Donisthorpe avait nommé son idée, le Kinesigraph , douze ans avant cet accord avec Croft.

Donisthorpe et Croft ont obtenu un brevet britannique en 1889, mais celui-ci a expiré s'il n'était pas renouvelé au bout de quatre ans. Donisthorpe s'est plaint qu'un rapport défavorable de certains experts présumés avait fait échouer son plan lorsqu'il avait tenté d'obtenir un financement de Sir George Newnes , qui aurait pu être le premier mécène du film. Newnes avait fait fortune en tant que propriétaire de journaux et de magazines. Il investit une grosse somme dans l'expédition norvégienne au pôle Sud en 1898, mais fut dissuadé de soutenir le cinéma. L'idée de Donisthorpe a été qualifiée de «

sauvage, visionnaire et ridicule et le seul résultat d'une tentative de photographier le mouvement serait un flou indescriptible ».

"Je demanderai à l'avenir", a poursuivi Donisthorpe , "de me donner tout ce que j'obtiendrai jamais en échange de mon temps et de ma réflexion, à savoir le mérite d'avoir été le premier à inventer et le premier à breveter le Kinésigraphe , le photographie du mouvement. Il a également noté qu'en tant qu'avocat, il ne se soucierait pas de défendre le monopole d'un quelconque titulaire de brevet après 1889. Mais il n'a jamais été sollicité pour cela, car en Angleterre, comme ailleurs, la situation des brevets cinématographiques est finalement devenue une confusion désespérée.

Dans le numéro du 26 mars 1897 de la même publication, le British *Journal of Photography* , Donisthorpe commentait également son Kinesigraph : « L'instrument a été breveté, fabriqué et travaillé avant qu'aucun autre ne voie le jour. Je ne prétends pas que les résultats aient été satisfaisants à tous égards. Quelle est la première machine ? Donisthorpe s'est dit surpris que certains n'aient pas tenté de copier sa machine qui fonctionnait avec un seul objectif mobile et prenait des photos de deux pouces et demi de diamètre sur du papier sensibilisé. Celui-ci fut ensuite rendu transparent par l'application de vaseline ou d'huile de ricin, un procédé qu'Eastman avait utilisé, pour les images fixes, avec des films en rouleau de papier aux États-Unis de 1884 jusqu'à ce que sa base de film soit développée à la fin de 1889. Donisthorpe soutenait que le l'action continue avec la lentille mobile fournissant l'intermittence nécessaire était un avantage décisif par rapport aux autres types : « Dans un domaine particulier, ma propre invention est si largement supérieure, même maintenant, à toutes celles qui l'ont suivie, que je suis surpris que les hommes pratiques ne l'aient pas adoptée. , maintenant que le public anglais peut le faire. Aussi intéressante que fût l'idée de Donisthorpe en 1877 et en 1889, il est très peu probable que sa machine ait été satisfaisante. Même aujourd'hui, la caméra et le projecteur de cinéma intermittent détiennent une suprématie pratique, sauf dans le cas de la photographie à très haute vitesse à des fins scientifiques.

Louis Aimé Augustin Le Prince (1842-1890), qui travailla en Angleterre, aux États-Unis et en France, était le fils d'un officier français ami de Daguerre, pionnier de la photographie. Le Prince devient photographe sous l'influence de Daguerre et, en 1870, part travailler à Leeds, dans le Yorkshire, en Angleterre, où il possède sa propre boutique. De peu après 1880 à 1889, il séjourna aux États-Unis, puis retourna à Leeds.

Le Prince propose un système caméra-projecteur à objectifs multiples. Le 10 janvier 1888, il déposa une demande de brevet américain, délivré le 16 novembre de la même année, pour une « méthode d'appareil permettant de produire des images animées de paysages naturels et de la vie ». Dans la méthode de Le Prince, deux bandes de papier sensibilisé ou autre matériau seraient introduites alternativement dans une caméra et un projecteur équipés de deux jeux de lentilles rotatives. On raconte que Le Prince aurait également eu l'idée d'un système utilisant un seul objectif.

Des années plus tard, lors du procès de l'American Mutoscope and Biograph Company contre Thomas A. Edison, un modèle de caméra-projecteur Le Prince fut présenté avec les résultats prétendument obtenus par Joe Mason de Biograph, mais il n'était pas satisfaisant : le système à double lentille ne produisait pas d'images uniformément espacées et chacune devait être imprimée séparément. De plus, l'arrière-plan devait être traité spécialement, sinon les personnages semblaient sauter de droite à gauche, car chaque objectif prenait des photos sous un angle légèrement différent.

Le Prince a disparu en 1890 alors qu'il était en visite en France avant de retourner aux États-Unis, affirment certains enquêteurs, pour montrer un modèle perfectionné de son appareil photo-projecteur. Le mystère de sa disparition n'a jamais été résolu.

John Arthur Roebuck Rudge, opticien et fabricant d'instruments de Bath, en Angleterre, avait développé vers 1866 le Bio- Phantoscope , une application du disque magique du Plateau. Il a maintenu un intérêt constant pour la photographie.

Vers 1882, William Friese Greene (1855-1921), un jeune homme ami du photographe anglais Talbot, entre en contact avec Rudge. En 1885, Greene ouvrit un magasin d'appareils photo à Londres. Quelques années plus tard, il montra devant la Photographic Society un petit instrument de projection fabriqué par Rudge qui montrait quatre images en succession rapide comme, par exemple, le changement d'une expression grave en gaie, ou un visage en train de rougir. Cet appareil était considérablement plus primitif que le projecteur inventé par Uchatius , bien avant la naissance de Greene.

En mai 1890, Rudge montra lors d'une réunion de la Bath Photographic Society une nouvelle lanterne optique équipée d'un mécanisme visant à représenter, au moyen d'une série de diapositives photographiques, des hommes et des animaux en mouvement comme dans la vie. Cet appareil, une amélioration du précédent projecteur Rudge, avait un condenseur pour recueillir la lumière et quatre petites lentilles de projection. Greene a suggéré l'ajout d'effets de coloration en enduisant certaines parties des diapositives de pigments.

Cependant, la machine a été décrite comme inachevée, bien que dans le *Photographic News* du 30 mai il soit déclaré : « Les effets étaient, du point de vue du divertissement, largement supérieurs à ceux produits par M. Muybridge et d'autres par l'application du Thaumatrope. principe dont les saccades désagréables sont bien connues. Mais il a été déclaré que la machine de Rudge présentait plusieurs défauts graves. Les images étaient petites et limitées à quelques-unes. Greene avait également un modèle et fit une démonstration à Londres qui ne parut impressionner que M. Chang de l'ambassade chinoise, l'un des invités.

La machine Greene-Rudge ou Rudge-Greene était en partie l'œuvre de Mortimer Evans, un ingénieur civil, avec qui Greene prit contact en 1889. Cette année-là, ils déposèrent conjointement un brevet sur un dispositif à film. La même année, Evans a vendu sa participation pour 1 200 £ et Greene était en difficulté financière.

L'appareil Greene-Rudge-Evans était une caméra à film qui, prétendait-on, pouvait être convertie en projecteur. À cette époque, le film celluloïd était disponible en Angleterre ainsi qu'aux États-Unis et en France. Selon le *Photographic News du 28 février 1890* , l'appareil photo pouvait prendre dix photos par seconde. L'appareil photo Greene, mesurant huit pouces sur neuf sur neuf pouces et quart, pouvait prendre 300 photos, et un modèle plus petit produit par Evans, 100 photos. Le critique de 1890 écrivait : « Le but est d'obtenir des images consécutives de choses en mouvement qui peuvent ensuite être projetées rapidement et consécutivement sur un écran de manière à reproduire, par exemple, une scène de rue, avec les chevaux, les êtres humains et autres. les choses bougent comme dans la nature. Greene a affirmé la même année que sa caméra-machine aurait d'importantes utilisations militaires. En cela, il était prévoyant, car la caméra de cinéma moderne est un instrument important de reconnaissance, d'enregistrement et d'instruction militaires, comme la Seconde Guerre mondiale l'a si amplement démontré.

Dans le British *Journal of Photography* du 5 décembre 1895, A. T. Story défendit la priorité de Greene en matière d'invention et affirma que l'appareil de projection de Greene de 1889-1890 était un succès. Cette conclusion n'est pas inéluctable. Il n'existe aucune preuve concrète que Greene-Rudge-Evans ait réalisé la projection sur écran, car il est évident que s'ils l'avaient fait, cela aurait été largement acclamé à l'époque. Mais ils ont fabriqué une caméra et essayé un projecteur. L'appareil photo était apparemment pratique. Marey et d'autres en France, Anschütz en Allemagne, Edison et Wallace Goold Levison à Brooklyn et W. N. Jennings du US Weather Bureau à Chicago, entre autres, réalisaient des films à succès à cette époque. La projection restait le grand problème.

En 1893, Greene obtint un brevet sur un appareil lié au Chronophotographe développé par John Varley, membre de la famille anglaise des peintres de paysages. Son idée de projection comprenait une boucle formée au moyen d'une pression intermittente sur le film passant devant l'objectif. La demande de brevet de Greene du 29 novembre 1893, acceptée exactement un an plus tard, visait à « produire au moyen de lumière réfléchie un décor artificiel pour remplacer le décor ou l'arrière-plan ordinaire ». Il comprenait « des améliorations dans les appareils permettant d'exposer des vues panoramiques, dissolvantes ou changeantes et dans la fabrication de diapositives pour leur utilisation ». Il ressort clairement de cela que, même en 1893, l'idée de Greene était limitée en termes de portée et d'efficacité. A cette époque, Greene prenait quelques photos à Hyde Park avec un grand appareil photo portable.

Il a été décrit comme une caméra et un projecteur à la fois, mais cette combinaison, sans beaucoup de modifications, n'a jamais été tout à fait pratique.

Greene a eu une vie malheureuse et malheureuse et, même s'il n'était pas un grand inventeur, il méritait mieux. Vers 1899, il tenta de réaliser des films en couleur, en utilisant un objectif rotatif doté d'un filtre, mais là encore, il échoua. Vers 1911, il fut amené aux États-Unis pour témoigner dans le procès en matière de brevet cinématographique, mais il n'impressionna pas les avocats américains représentant les opposants d'Edison et il ne fut jamais appelé à la barre des témoins. Vers 1915, on rapporta qu'il était sans ressources et Will Day, un expert anglais du cinéma, et d'autres, organisèrent un fonds de secours en son nom et plus tard, il occupa un poste mineur dans une entreprise de photogravure couleur. Lors d'un dîner en son honneur en 1921, juste après avoir raconté une fois de plus l'histoire de son travail de pionnier dans le domaine du cinéma, il tomba mort. Apparemment, ses efforts de projection étaient voués à l'échec, car ils ne reposaient jamais sur des principes solides. Le système à double lentille n'a jamais été conçu pour fonctionner de manière satisfaisante.

Marey, qui utilise désormais des bandes de celluloïd enduit pour ses photographies instantanées, cherche à concevoir un projecteur adapté. C'est ce qu'il accomplit en 1893 avec ce qui fut peut-être le premier projecteur de cinéma efficace capable de gérer plus d'une brève scène, en utilisant de longues bandes de film celluloïd enduit au lieu d'images placées sur un disque. Afin d'obtenir un éclairage suffisant, il utilisait la lumière du soleil au lieu d'un arc électrique ou d'une autre source de lumière. Cela limitait le projecteur de Marey à une utilisation en laboratoire, même si, en 1915, certains experts affirmaient que la lumière du soleil était meilleure que l'arc électrique pour la projection d'une lanterne magique.

Une illustration disponible du projecteur de Marey montre le trajet des rayons réfléchis par le soleil par un héliostat. Cet appareil a été inventé par le scientifique néerlandais Willem Jacob et est simplement un réflecteur à entraînement mécanique qui maintient la lumière du soleil concentrée sur un seul endroit en compensant le mouvement de la terre. Dans le projecteur de Marey, les rayons du soleil sont interrompus par une molette d'obturation actionnée à la main et réfléchis par deux miroirs à travers le film, la lumière passant ensuite à travers l'objectif de projection et projetant les images sur l'écran.

« Le mouvement du film, écrit Marey, qui s'arrête à chaque éclair, est provoqué par un appareil non représenté sur la figure. Il est semblable à celui du simple appareil chronophotographique (appareil photo), à la différence près que le film positif, dont les extrémités sont reliées entre elles pour former une courroie sans fin, passe sur une série de rouleaux qui le tendent. Ce système à rouleaux était probablement similaire à celui utilisé par Edison dans son kinétoscope peep-show.

Le projecteur, Marey lui-même l'a admis, n'était pas parfait. « Le principal défaut du projecteur chronophotographique était un saccade dû à une égalité imparfaite des intervalles. » Cela résulte du fait que Marey n'a pas percé le film car il pensait que l'espace le long du bord ne devait pas être gaspillé. Il savait qu'Edison avait réussi grâce à l'utilisation de quatre perforations de chaque côté de chaque cadre ou tableau. Il était libre de copier cela s'il le souhaitait, car Edison n'a pas breveté la méthode à l'étranger.

Pendant ce temps, Marey poursuit son travail et annonce finalement, en 1898, un système de projecteur réussi qui surmonte sa principale difficulté qui était l'espacement régulier des images sans utiliser les perforations Edison.

Son système comportait des rouleaux spécialement construits qui agrippaient les bords du film. L'année suivante, Marey a mis au point une combinaison de la caméra cinématographique et du microscope, ouvrant la voie à de nombreux progrès dans la recherche scientifique. Il a continué à étudier le mouvement et, en 1899, a amélioré son premier appareil photo à canon afin qu'il puisse gérer environ 65 pieds de film en un seul chargement. Marey, qui ne s'intéressait qu'à la science et non à l'exploitation commerciale, avait besoin de fonds qu'il reçut finalement de l'Institut américain Smithsonian, dont le secrétaire, Samuel P. Langley, le pionnier de l'aéronautique, avait suivi les études cinématographiques du physiologiste français, y compris son film. travail pionnier dans la photographie des courants d'air.

La devise de Marey, en ce qui concerne le cinéma, était : « Ce ne sont pas les films les plus intéressants qui sont les plus utiles. » En cela, il s'opposait à la commercialisation, et toujours à des fins pédagogiques.

En 1893, Demeny rompt avec Marey et fait breveter le 10 octobre 1893, sous son propre nom, une modification de l'appareil photo Marey, qu'il appelle le Bioscope. Il a pu le faire, même si la méthode était connue dans le laboratoire de Marey, tout simplement parce que Marey ne l'avait jamais réellement adoptée. Des brevets français étaient régulièrement délivrés sur demande.

Demeny était le premier ami de l'amateur de cinéma ou du cinéaste amateur. Les appareils photographiques instantanés de Marey et d'autres étaient relativement maladroits et coûteux. Demeny a sorti une caméra portable adaptée à un usage amateur. En fonctionnement, ce modèle était tenu sur un bras, obligeant le caméraman à photographier une scène qu'il ne voyait pas du tout, ou seulement imparfaitement, du coin de l'œil. Le film de Demeny recevait une action intermittente grâce à deux broches montées de manière excentrique et utilisées comme porte-rouleaux. Demeny s'est rendu compte que les photos devaient être prises à intervalles de temps égaux et également espacées uniformément sur le film pour obtenir des résultats réussis. Son appareil photo excentrique n'a jamais atteint ce résultat.

En 1891, Demeny s'intéresse à l'étude de la parole. Dans ces travaux, il est associé à H. Marischelle , alors jeune professeur à l'Institut national des sourds-muets. Marischelle et Demeny ont eu l'idée que grâce à des photographies de la parole, les sourds pouvaient apprendre à parler. Demeny a développé le Photophone et le Photoscope , qui étaient des versions modifiées du système de caméra Marey et un projecteur lanterne équipé d'une lumière oxyhydrogène. Demeny a réalisé des photographies instantanées en gros plan de personnes parlant. L'expression « *Vive la France* » était un sujet populaire.

Demeny a déclaré que l'appareil « préserve l'expression du visage comme la voix est préservée dans le phonographe ». Il ajouta qu'il était «possible même de joindre le phonographe à son phonoscope pour compléter l'illusion». C'était l'idée exprimée par Donisthorpe en 1877 et sur laquelle Edison travaillait depuis 1887 : le projecteur et le phonographe combinés ou le film parlant qui, en effet, ne devait pas être perfectionné avant de nombreuses décennies.

Au printemps 1892, Demeny tenta d'exploiter commercialement le système des photographies parlantes ou, plus précisément, des images animées de l'action de la bouche lorsqu'elle parle. Demeny a toujours reproché à l'organisation, la *Société Générale du Phonoscope* à laquelle il était associé, de ne pas développer son travail. Il est probable cependant que les machines Demeny n'étaient pas entièrement satisfaisantes. Quelques années plus tard, après une projection réussie de films sur une base commerciale, Demeny s'est associé à Léon Gaumont, et un certain nombre de premières machines françaises portaient le nom de Demeny bien que lui seul n'était pas entièrement responsable de la conception. Demeny et Gaumont ont développé un projecteur qui comprenait une roue dentée qui s'insérait dans les perforations du film et une goupille excentrique similaire au système de caméra de Marey.

Anschütz, l'un des premiers photographes de mouvement à succès, après Muybridge, et celui qui a introduit le tube Geissler électrique comme méthode d'éclairage et de projection d'une série de photos fixes pour créer l'illusion du mouvement, poursuivait son travail en Allemagne en cette période. Le 15 novembre 1894, il obtient un brevet français sur un « procédé de projection d'images en mouvement stroboscopique ». Ce projecteur avait un système de lumière intermittente et était peut-être meilleur que le modèle solaire de Marey de 1893, car Anschütz était un photographe professionnel et un fabricant d'instruments optiques tandis que Marey était un physiologiste professionnel.

En novembre 1895, Anschütz montra un modèle amélioré de son projecteur au bâtiment postal de l' Artilleriestrasse , à Düsseldorf, en Allemagne. Un récit contemporain dans la revue *Photographisches Archiv* , publié par le Dr Paul E. Liesegang, rapporte que la manifestation s'est déroulée « devant une foule invitée et a été, à juste titre, accueillie avec un grand enthousiasme par toutes les personnes présentes ». Anschütz avait amélioré son appareil de projection à un point tel que des images pouvaient être projetées grandeur nature sur un écran. Avant cette époque, les images projetées par son *Elektrisch Les Schnellseher* n'avaient que la taille des images originales et ne pouvaient donc être vus que par quelques spectateurs à la fois. Anschütz avait à son programme des films et de nombreuses images fixes, y compris des scènes prises lors de la pose de la première pierre du bâtiment du Reichstag. Une fois de plus , le lien militaire entre les ombres magiques a été démontré alors qu'Anschütz projetait des scènes de la vie militaire. Après la démonstration, le colonel A. D. Tanera a souligné l'importance de la photographie cinématographique pour l'étude de l'histoire militaire et également pour faire des observations sur le terrain.

Reynaud, le premier showman d'ombres magiques des temps modernes et le précurseur immédiat de l'exploitant de cinéma de notre époque, exploitait désormais son *Théâtre Optique* à Paris. Il obtient le premier succès commercial solide de cet art. De 1892 à 1900, lorsque la concurrence du cinéma réel l'oblige à fermer boutique, 500 000 personnes assistent aux spectacles sur écran Reynaud qui sont présentés tous les jours de 15 à 18 heures et de 20 à 21 heures du soir. (Illustration en regard de la page 148.)

L'appareil de projection utilisé au *Théâtre Optique* était une modification du Praxinoscope original de Reynaud de 1877 et de son simple modèle de projecteur de 1882. Les scènes étaient peintes sur du celluloïd transparent et une lanterne magique fournissait l'arrière-plan et un autre système optique qui gérait le film en mouvement projetait le film. effets de mouvement sur l'écran. La rétroprojection était utilisée avec l'appareil dissimulé sur la scène du théâtre derrière l'écran. En 1889, Reynaud avait obtenu un brevet sur une bande de film perforée et il fut le premier à introduire sur une base commercialement pratique des bobines ou des bobines pour manipuler le film. Reynaud ne se contente pas de montrer des scènes d'action mais souhaite raconter une histoire. Peu de temps après, il s'est avéré que le film d'histoire ou le long métrage familier était le plus populaire dans le monde entier.

« Pauvre Petit Pierre » (*Pauvre Pierrot*) était l'une des projections cinématographiques les plus populaires de Reynaud. Arlequin et Colombine étaient d'autres personnages populaires. Reynaud a fourni certaines des premières utilisations de la projection astucieuse, car son appareil était entièrement réversible et il créait parfois des effets nouveaux et hilarants en faisant sauter les personnages en arrière.

Reynaud se tenait entre les jeux d'ombres et les pantomimes des anciens et le cinéma moderne. Bien qu'il n'ait pris aucune part au développement de la photographie cinématographique et à son application à l'écran, il a influencé la science de l'art en étant pionnier dans l'utilisation dramatique du médium, ainsi qu'en introduisant des dispositifs techniques facilement adaptables à l'utilisation du cinéma.

Reynaud était, comme Porta, deux siècles et demi plus tôt, un homme de spectacle. Mais tandis qu'il divertissait le public avec des images sur écran, les efforts de Marey, Greene, Rudge, Evans, Donisthorpe et bien d'autres, dont Edison, préparaient la voie à l'art du cinéma et à la science des ombres magiques. Le film valide était enfin prêt à faire ses débuts sur les écrans publics

.

Américain scientifique, 1892

Américain scientifique, 1889

Le TACHYSCOPE ÉLECTRIQUE d'Ottomar Anschütz était une attraction de
l'Exposition universelle de Chicago en 1893. Il utilisait une source de lumière intermittente.

XVII
PREMIÈRES MONDIALES

Le succès enfin — Des ombres magiques atteignent l'écran en mouvement vivant — Edison-Armat et le Vitascope — Les Frères Lumière et le Cinématographe — Paul de Londres et l' Animatographe ou Théatrographe .

LE FILM fait ses débuts commerciaux en 1895 et 1896, plus ou moins simultanément, à Paris, Londres, New York et ailleurs. Ces débuts se reproduisent occasionnellement à l'heure actuelle, lorsque d'importants films hollywoodiens ont un certain nombre de « premières mondiales » simultanées.

Avec l'introduction d'un projecteur satisfaisant d'images animées grandeur nature qui n'étaient pas limitées à une durée de quelques secondes mais pouvaient durer plusieurs minutes, l'histoire de l'origine du divertissement par les ombres magiques prend fin. À partir de ce jour, les progrès phénoménaux dans le domaine du divertissement et de l'enseignement du cinéma constituent une histoire particulièrement importante de cette science et de l'art. L'histoire de l'ombre magique s'écrit actuellement chaque soir sur des dizaines de milliers d'écrans devant des millions de spectateurs.

Les projecteurs de cinéma qui connurent finalement un grand succès et dont découle l'histoire du cinéma proprement dit étaient tous principalement basés sur le peep-show cinématographique Kinetograph d'Edison, projeté en 1894 à New York, Paris et Londres.

À l'automne 1894, Louis Lumière a vu le kinétographe Edison présenté à l'exposition de la société Werner à Paris, au 20 boulevard Poissonière . De là naquit l'idée de combiner un tel appareil avec le type Reynaud, qui assurait déjà le divertissement sur écran à Paris. Sans doute Lumière connaissait-il aussi l'œuvre de Marey.

Louis Lumière et son frère Auguste exploitaient à Lyon un établissement photographique que leur père avait créé. Lyons a déjà figuré une fois dans le spectacle d'ombres magiques ; c'est ici que Walgenstein , le Danois, introduisit pour la première fois la lanterne magique de Kircher en France.

Lumière, qui était un photographe à succès, a décidé que le nombre d'images utilisées par Edison par seconde, quarante-huit, était plus que nécessaire, il en a donc utilisé seize. Lumière, cependant, a emprunté à Edison l'idée de perforer le bord du film, en en ayant une de chaque côté de chaque image au lieu des quatre d'Edison. Lumière a adopté un entraînement intermittent de type griffes pour l'appareil qui a été conçu par un ingénieur, Charles Moissant . Léon Gaumont, qui s'associe plus tard à Demeny, est le secrétaire de

Moissant . La machine a été construite par l'entreprise de fabrication Jules Carpentier.

Les premières expériences ont été faites avec du papier couché mais celui-ci s'est révélé inadapté. Le celluloïd a été commandé à l'American Celluloid Company et les Lumières se sont enduits eux-mêmes car, contrairement à Edison, ils étaient doués en photographie avant de s'attaquer au problème du cinéma. Les Lumière étaient capables d'utiliser du celluloïd mais ce n'était pas aussi bon que le film cinématographique Eastman qu'Edison avait trouvé si satisfaisant.

Le 13 février 1895, les Lumière obtiennent un brevet français sur leur appareil caméra-projecteur, le Cinématographe . Le nom Cinématographe est probablement dérivé d'un brevet français délivré le 12 février 1892 à Léon Bouly qui a eu une idée d'appareil photo qui n'a évidemment pas été réduite à la pratique.

Le Repas de Bébé est le premier film Lumière. D'autres scènes ont été réalisées dans l'usine photographique Lumière, ainsi que des vues de la ville, dont la Bourse. Une démonstration de l'appareil y fut faite le 22 mars 1895, mais les Lumière étaient déjà bien implantés dans les affaires et pas pressés de développer la nouvelle invention. Le Cinématographe a été projeté à Marseille en avril, le mois où un brevet anglais a été obtenu, puis présenté au Congrès de l'Union nationale des sociétés photographiques françaises, tenu en juin de la même année. Là, les Lumières ont fait sensation en filmant les délégués arrivant à la séance d'ouverture du 10 juin, en développant le film et en le projetant avant l'ajournement de la conférence le 12 juin. Ce fut la première utilisation du film d'actualités.

Le 28 décembre, les Lumières ont ouvert un établissement commercial pour le Cinématographe dans la Salle au Grand-Café au 14, Boulevard des Capucines . L'entrée était payante d'un franc, mais seules quelques dizaines de curieux se sont arrêtés le premier jour. Bientôt cependant la renommée du Cinématographe se répandit dans tout Paris. En quelques semaines, les films Lumière étaient projetés « debout », avec une moyenne de plus de deux mille entrées par jour.

Le Cinématographe Lumière a été largement salué. Avec sa générosité habituelle, Marey a salué cet accomplissement même s'il a dû être déçu que d'autres aient réalisé ce qu'il cherchait depuis longtemps. Le Cinématographe fut expédié très tôt en Angleterre et aux États-Unis. À New York, il fut exposé pour la première fois en juin 1896 au Keith's 14th Street Theatre, sur Union Square. Dans les deux pays, cela stimulait les imitateurs. Il est resté l'un des meilleurs projecteurs disponibles pendant un certain temps. L'entraînement à griffes Lumière n'était cependant pas aussi satisfaisant que le type à croix de Malte utilisé sur certains projecteurs à partir de 1870 environ et adopté par

Edison pour l'appareil photo, et il céda progressivement la place aux modèles plus récents.

Les Lumières ont continué à entretenir un vif intérêt pour le développement du cinéma même après leur succès avec la caméra et le projecteur. En 1897, ils ont conçu un condenseur de sécurité pour se protéger contre le risque d'incendie ; en 1898, un modèle de visualisation de peep-show, et en 1903, ils commencèrent une étude sur les possibilités de photographie directe des couleurs. Ces recherches ont abouti à un bon procédé de coloration qui a ensuite été introduit commercialement.

Trajedis , deux Grecs, demandèrent à Robert William Paul (1869-1943), fabricant d'instruments scientifiques, fils d'un armateur londonien, de reproduire le kinétoscope Edison. Georgiades et Trajedis avaient acheté des kinétoscopes à New York auprès de Holland Bros., agents orientaux de la première société Kinetoscope, et les avaient amenés à Londres où ils furent exposés en octobre 1894 dans un magasin d'Old Broad Street. Paul a inspecté le kinétoscope et savait qu'il pouvait le copier. Mais il ne croyait pas être libre de le faire, étant sûr qu'Edison avait déjà breveté la machine en Angleterre. L'enquête a montré qu'aucune mesure de ce type n'avait été prise. Ensuite, dans son atelier de Hatton Garden, à Londres, Paul a fabriqué des kinétoscopes pour les deux exposants grecs et aussi pour lui-même. Avec ses propres machines, il a ouvert une exposition à Earl's Court, à Londres. Bientôt, Paul a commencé à travailler sur une caméra et un projecteur basés sur le dispositif de peep-show Kinetoscope.

Paul s'est intéressé à la création d'une machine qui emmènerait les spectateurs dans le passé ou le futur après avoir lu un conte fantastique de H. G. Wells intitulé *The Time Machine* , publié en 1894. Paul et Wells ont discuté de la question, l'un étant concepteur et inventeur, l'autre un écrivain à succès doté d'une imagination extravagante. Un brevet britannique a été demandé, mais aucun modèle ou appareil n'a jamais été conçu car l'argent nécessaire à une telle entreprise n'a pas été trouvé. La Paul-Wells Time Machine devait être une affaire élaborée. Les spectateurs devaient être assis sur des estrades mobiles ; Pour ajouter à l'illusion, des lanternes magiques et des projecteurs de films devaient faire clignoter des images de tous les côtés. Il s'agissait d'une autre application de la vieille idée de Phantasmagoria : obtenir des effets en déplaçant les projecteurs – et dans ce cas, le public également. Des effets similaires sont obtenus avec beaucoup moins de problèmes, tant pour le showman que pour le spectateur, dans le film d'histoire moderne.

Au printemps 1895, Paul conclut un accord avec Birt Acres selon lequel Acres réaliserait des films avec une caméra construite par Paul. Auparavant, Paul utilisait des films Edison, mais l'approvisionnement a été interrompu. Son appareil photo était beaucoup plus petit et portable que le modèle Edison.

Acres a affirmé qu'il avait commencé à travailler sur une caméra de cinéma dès 1889, mais que ses efforts n'avaient pas été très fructueux. À la fin de 1893, Acres déclara qu'il avait mis au point un appareil photo utilisant un seul objectif ou une batterie de douze (à la manière d'Uchatius) et qu'il s'était consacré à l'amélioration de l'appareil au lieu de « chercher une réputation de bulle de showman de music-hall », comme lui-même. Mets-le. En 1897, lorsqu'il eut une correspondance avec Wordsworth Donisthorpe au sujet des premiers travaux de ce dernier dans le domaine du cinéma, Acres n'était pas satisfait de ses associations cinématographiques , car il déclara : « Chaque Tom, Dick et Harry prétendent maintenant être l'inventeur et le premier exposant de ces photographies animées et je peux pleinement sympathiser avec M. Wordsworth Donisthorpe , dans la mesure où quelqu'un d' autre a obtenu le mérite de son invention. Ma propre expérience avec divers aventuriers n'est pas unique.

Le premier modèle d'appareil photo de Paul avait un mouvement intermittent comportant une action de serrage et de desserrage qui était plutôt dure pour le film celluloïd fabriqué par les frères Hyatt à Newark, dans le New Jersey, importé en Angleterre et couché pour un usage photographique par la société Blair. Peu de temps après, Paul est passé à un mouvement intermittent comportant une croix de Malte à sept points. Il s'agissait d'un développement important.

Le projecteur de Paul, appelé Animatographe , a été présenté pour la première fois au Finsbury Technical College le 20 février 1896. Huit jours plus tard, il a été présenté au Royal Institute. Son succès attira l'attention d'un homme de théâtre , Sir Augustus Harris, exploitant du Théâtre Olympia. Harris a conclu un accord avec Paul et le projecteur a été rebaptisé « Theatrograph ». Après une courte mais réussie tournée à l'Olympia de Londres, l'appareil a été réservé pour deux semaines à l'Alhambra, Leicester Square. Ce film y est resté quatre ans.

Les sujets projetés à vingt images par seconde par l'appareil Paul dans les premiers programmes étaient : « Une mer agitée à Douvres », un film colorié à la main ; "Bootblack at Work in a London Street", des événements sportifs et bien d'autres scènes.

Acres et Paul ont filmé le Derby de 1896, réalisant certaines des premières images d'actualité à succès. Des scènes montrant le cheval du prince de Galles , Persimmon, remportant le Derby ont été exposées à l'Alhambra le soir après la course, créant une sensation et de nombreux rappels pour Paul. Le public était stupéfait.

Paul a continué à s'intéresser au cinéma, en particulier à ses aspects scientifiques, comme une sorte de passe-temps, pendant environ 15 ans. Cependant, en 1912, il détruisit pratiquement tous ses films et ne s'intéressa plus au cinéma. En plus de ses premiers travaux en matière de projection et de conception d'appareils photo, Paul lui-même avait filmé de nombreuses images, dont une série de dessins animés, *à la* Walt Disney, pour montrer les phénomènes électriques résultant de l'approche de deux aimants. Ces films scientifiques ont été réalisés en association avec le professeur Silvanus Thompson. Paul a également produit un certain nombre de comédies et a utilisé un travail de caméra astucieux pour montrer des voitures volant vers la lune et d'autres effets bizarres. Pendant la Première Guerre mondiale, Paul a inventé un appareil de guerre secret, notamment un altimètre anti-aérien et un dispositif anti-sous-marin.

Charles Pathé , grand nom du premier cinéma français et repris par plusieurs sociétés aux États-Unis et ailleurs, achète l'un des premiers projecteurs de cinéma Paul. Auparavant, il avait présenté le phonographe Edison.

Acres possédait son propre projecteur appelé Kinetic Lantern, qui, selon lui, fut terminé en janvier 1896, mais le titre fut changé en Kineopticon et plus tard en Cinematoscope pour un programme spécial pour le prince de Galles. Il est probable que ce projecteur ait également été fabriqué par Paul ou qu'il ait contribué à sa conception. Acres, cependant, s'intéressait avant tout à son métier de photographe, et le cinéma ne lui apparaissait que comme un aspect du sujet. En 1897, il disait : « Il y a quelque chose dans la photographie et, en particulier, dans la photographie animée. En effet, je pense qu'il ne fait aucun doute que la photographie animée est destinée à révolutionner notre art-science, tant sur le plan historique que scientifique, en plus de nous offrir des portraits à vie.

Au moment où Acres parla ainsi, la révolution était déjà bien avancée.

Comme en France, de nombreux hommes se sont immédiatement lancés dans la fabrication d'appareils photo et de projecteurs en Angleterre. Les droits de brevet étaient confus, principalement parce qu'Edison avait négligé d'assurer une couverture étrangère, laissant le champ grand ouvert.

Aux États-Unis, deux facteurs ont dominé l'expérimentation : (1) le tachyscope électrique Anschütz, présenté à la Foire de Chicago en 1893 et (2) le dispositif de peep-show d'Edison exposé dans de nombreux endroits, à partir de New York au printemps 1893. 1894.

La projection de films grandeur nature sur un écran devant un public aurait pu être réalisée bien plus tôt si Edison n'avait pas estimé qu'il n'y aurait pas de marché commercial pour un tel appareil. Les petits modèles de peep-show pouvaient être fabriqués à un coût relativement bas et vendus avec profit, de sorte qu'aucune impulsion n'a été donnée au développement d'un projecteur sur écran qui, pensait-il, pourrait rapidement dissiper l'intérêt du public et détruire le marché. Mais, rappelons-le, le projecteur sur écran, combiné au phonographe parlant, était l'objectif initial d'Edison lorsqu'il commença ses expériences en 1887.

L'un des hommes impressionnés par le tachyscope électrique d'Anschütz à la Foire de Chicago était un jeune Virginien, Thomas Armat. C'était un homme riche et bien qu'associé à une agence immobilière à Washington, DC, il avait encore le temps de suivre ses intérêts scientifiques, ce qui l'a incité à fréquenter la Bliss School of Electricity à Washington. A cette époque, Armat avait déjà inventé un conduit pour un chemin de fer électrique et avait refusé une offre de s'intéresser à la distribution du film peep-show d'Edison Kinetoscope. Il voulait une projection sur écran.

À la Bliss School, Armat a été présenté à C. Francis Jenkins, un jeune fonctionnaire du gouvernement, également intéressé par les questions scientifiques. Il avait étudié le kinétoscope Edison et, pour le Pure Food Show au Convention Hall, en novembre 1894, il avait montré un modèle qui, au lieu du volet tournant d'Edison, avait des lumières électriques tournantes, basées sur l'idée d' Uchatius . En mars 1894, Jenkins reçut un brevet pour une caméra cinématographique utilisant un système d'objectif rotatif appelé Phantoscope . Il n'y a aucune preuve que Jenkins ait jamais fait fonctionner cette caméra efficacement. Il a été décrit dans le *Photographic Times* de juillet 1894, comme mesurant seulement cinq pouces sur cinq sur huit et pesant dix livres. Des photos d'un athlète en action, qui auraient été prises avec l'appareil de Jenkins, ont été reproduites.

Jenkins avait du mal à réaliser la projection. Armat et lui ont décidé de former un partenariat. Armat devait construire un projecteur d'après la conception de Jenkins et, en échange, il recevrait les droits sur le brevet de la caméra à objectif rotatif. Les résultats furent un échec. Armat a décidé de continuer avec ses propres idées et il n'y a eu aucune objection, puisqu'il a fourni l'argent et le local pour les travaux dans le sous-sol de son agence immobilière située au 1313 « F » Street, à Washington.

Armat a décidé que l'idée de Jenkins d'un mouvement continu avec des lumières tournantes était irréalisable et a choisi une action intermittente. Une variante du système d'engrenages en croix de Malte a été essayée. L'éventuel différend juridique entre Armat et Jenkins a obscurci les données sur le système utilisé pour la première fois. Il est certain que les résultats n'ont pas été totalement positifs.

Trois de ces machines ont été construites au cours de l'été 1895 et la première exposition a eu lieu à la Cotton States Exposition à Atlanta, en Géorgie, à la mi-septembre. Là, le principal concours d'images était l'inspiration : le tachyscope électrique Anschütz. Il y avait également une vaste exposition des machines à peep-show d'Edison. Armat devait être heureux de voir l'activité d'Edison car c'était de cette source qu'il obtenait son film pour le projecteur.

Le projecteur de la Cotton States Exposition n'a pas été bien accueilli. Le spectacle a finalement brûlé dans un incendie qui a ravagé la zone. Quinze cents dollars furent empruntés aux frères d'Armat pour poursuivre leurs activités. Jenkins est rentré chez lui à Richmond, dans l'Indiana, pour le mariage de son frère, emportant l'un des projecteurs avec lui.

Pendant ce temps, Armat a découvert une boucle pour alléger la tension de la projection. Jenkins fit une démonstration du projecteur le 29 octobre 1895 et le 22 novembre, Armat et Jenkins n'étaient pas d'accord. Jenkins a tenté de breveter certaines modifications par lui-même, sans son partenaire, mais a constaté qu'il interférait avec le brevet du projecteur Armat-Jenkins et a signé une concession de priorité. Armat tira de son invention un grand profit qui ne fut pas obtenu sans de nombreux procès. Plus tard, Jenkins a produit un projecteur non intermittent de conception intelligente mais peu pratique. Il a également apporté quelques idées originales au développement de la télévision, mais là encore, les résultats n'ont pas été très pratiques.

Certaines autres tentatives ont été faites pour réaliser la projection des ombres magiques et compléter le système cinématographique à cette époque. La plupart d'entre eux ont également été stimulés par l'exposition du Tachyscope électrique d'Anschütz. L'un d'eux a été réalisé par Rudolph Melville Hunter (1856-1935), ingénieur-conseil et inventeur très connu en Amérique. En 1883, Hunter avait suggéré un tunnel Douvres-Calais, ce qui aurait pu rendre l'évacuation de Dunkerque de 1940 beaucoup plus facile ; l'année précédente, en 1882, il avait proposé des torpilleurs ; Plus tard, il conçut de la poudre sans fumée pour le gouvernement français et vendit quelque 300 brevets aux sociétés General Electric et Westinghouse. Il était également consultant en acoustique. Dans sa biographie, imprimée pour la dernière fois dans l'édition 1920-21 de *Who's Who* (époque à laquelle il a visiblement pris sa retraite), Hunter affirmait qu'il « avait conçu et construit le premier projecteur de cinéma au monde en 1894 ». Son spectacle, prévu à Atlantic City, n'a jamais ouvert. Aucun détail n'est connu sur son projecteur.

Au cours de l'été 1894, deux jeunes hommes homosexuels, Gray et Otway Latham, vendeurs d'une société pharmaceutique opérant à New York, devinrent concessionnaires du Kinetoscope et créèrent la Kinetoscope Exhibition Company. L'objectif principal de cette entreprise était de photographier et d'exposer des films de combat. En septembre 1894, les jeunes Lathams décidèrent qu'il n'y aurait jamais grand-chose à faire dans le secteur du cinéma peep-show et décidèrent d'essayer d'afficher des images grandeur nature sur l'écran. Ils ont fait appel à leur père, le major Woodville Latham, pour obtenir de l'aide.

Le major Latham avait eu une carrière distinguée en tant qu'officier des munitions de la Confédération pendant la guerre civile américaine. Pendant un certain temps , il fut professeur de chimie à l'Université de Virginie occidentale.

En décembre 1894, les Latham créèrent la Lambda Company – le « L » grec pour Latham – et leur quête d'un projecteur de cinéma commença. Dickson était impliqué dans l'accord même s'il travaillait toujours pour Edison. Eugène Lauste, un ami quelque peu secret de Dickson, né à Paris en 1857 et venu aux États-Unis en 1887, était le mécanicien qui travaillait dans l'atelier de Latham. Lauste avait auparavant été employé par Edison.

À la fin de l'hiver 1894-1895, le projet Latham montrait des signes de succès. Une manifestation a eu lieu le 21 avril 1895 au 35 Frankford Street, à New York et le 20 mai 1895, une exposition publique a été ouverte dans un petit magasin au 153 Broadway. Le projecteur Latham s'est avéré inadéquat et les commentaires suivants ont été faits dans le *Photographic Times* de septembre 1895 : « Même dans cet appareil, le plus récent, il reste une marge d'amélioration considérable et de nombreux inconvénients doivent encore être surmontés. » Des objections spécifiques ont été formulées concernant le grain du film, le fait qu'il n'était pas entièrement transparent et d'autres facteurs. Il a été noté que le major Latham « persévérait » dans ses efforts pour améliorer le dispositif. Mais quelques mots d'encouragement ont été donnés : « Même dans l'état actuel, les résultats obtenus sont très intéressants et souvent surprenants. Une foule de gens visitent le magasin à chaque représentation, beaucoup sortant en se demandant "Comment ça se passe". Il est à noter qu'aucune illustration de la machine Latham n'a été donnée mais que le Théâtre Optique Reynaud de Paris a été montré. Le projecteur de Latham s'appelait Pantoptikon et plus tard Eidoloscope . Latham a nié avec indignation que des parties de son appareil aient été empruntées aux machines d'Edison. Il est probable que le major n'était pas au courant de tout ce qui se passait dans son atelier.

Dickson a finalement rejoint une organisation appelée syndicat KMCD, pour E. B. Koopman de la Magic Introduction Company ; Henry Norton Marvin, ancien associé d'Edison ; Herman Casler, le véritable inventeur d'un appareil photo conçu pour échapper aux méthodes d'Edison, et Dickson. La caméra Casler ou Mutograph , et le peep-show viewer ou Mutoscope, cherchaient à échapper aux brevets d'Edison, donc tout ce qu'Edison avait, ils ont essayé d'éviter. Le Mutoscope dans sa forme la plus simple était en réalité un pas en arrière par rapport à l'ancien principe du Thaumatrope consistant à faire clignoter des vues de cartes successives devant l'œil. L'appareil photo Casler utilisait un film grand format non perforé avec des images irrégulièrement espacées. Cela ne faisait aucune différence, car les images étaient chacune montées sur des cartes.

Le Mutoscope et le Mutographe stimulèrent l'intérêt et la compétition pour le cinéma et furent à l'origine de l'inquiétude autour de laquelle se concentrait l'opposition à Edison. Les « indépendants » comptaient sur l'American Mutoscope Company, ou Biograph comme elle est devenue, pour fournir des films qui échapperaient aux restrictions des brevets d'Edison. La guerre des brevets qui s'ensuivit fut longue et âpre, mais n'interféra pas matériellement avec le développement du cinéma.

Pendant ce temps, les agents d'Edison, Raff & Gammon, devenaient importants. La vente des kinétoscopes peep-show ne faisait qu'augmenter la demande de projection et on craignait que les imitateurs d'Edison, tels que Lumière, Paul et Latham et d'autres, ne contrôlent le domaine. Edison, cependant, n'a pas été en mesure, faute de temps ou pour d'autres raisons, de répondre aux demandes de ses agents de cinéma avec suffisamment de perfection pour se satisfaire. Ses recherches se poursuivent mais ses agents et le public sont impatients.

Gammon, de la société Raff & Gammon, décide d'enquêter sur le projecteur Armat dont il a entendu parler à Washington. Un spectacle de cinq ou six minutes fut donné le 8 décembre 1895 par Armat dans le sous-sol de son agence immobilière. En janvier 1896, un accord fut conclu selon lequel Edison fabriquerait le projecteur et il serait présenté sous son nom, mais sous le nom de « conçu par Armat ». Les agents voulaient bien entendu mettre en avant le nom d'Edison pour des raisons commerciales. Edison fut incité à accepter cet arrangement par son directeur général W. E. Gilmore, qui, incidemment, avait licencié Dickson.

Une démonstration du projecteur Armat-Edison a eu lieu le 3 avril et le 23 avril 1896, le Vitascope, comme on l'appelait, a fait ses débuts au Koster & Bial's Music Hall sur Herald Square, 34th Street, à New York. Ce fut un jour marquant dans l'histoire du cinéma. Les nombreuses étapes hésitantes et incertaines au fil des siècles se sont transformées en une marche assurée du progrès. La réaction du public au Vitascope a été excellente, même si les programmes présentés étaient rudimentaires et immatures. Pendant plusieurs années, les films proposés n'étaient que des courts métrages qui étaient principalement utilisés comme "poursuivants" du public, diffusés comme numéro final des spectacles de vaudeville. (Illustration en regard de <u>la page 161.</u>)

Le *New York Herald* rapporta le 3 mai 1896 que les sujets seraient bientôt allongés de 50 pieds à 150 pieds et 500 pieds. «Autant en emporte le vent», le mammouth de 1941, mesurait 20 000 pieds de long. Les nouvelles attractions promises dans les premiers jours devaient inclure les chutes du Niagara, que Langenheim avait photographiées avec un succès marqué un demi-siècle plus tôt ; un bateau à vapeur descendant les rapides de Lachine et un paquebot quittant son quai.

Le *Herald* a déclaré : « Le résultat est extrêmement intéressant et agréable, mais M. Edison n'est pas encore tout à fait satisfait. Il souhaite maintenant améliorer le phonographe afin qu'il enregistre le double de la quantité de son qu'il enregistre actuellement, et il espère ensuite combiner ce phonographe amélioré avec le Vitascope afin de permettre au public d'assister à une reproduction photographique d'un un opéra ou une pièce de théâtre – pour voir les mouvements des acteurs et entendre leurs voix aussi clairement que s'ils assistaient à la production originale elle-même.

La revue de presse « première mondiale » concluait : « Et quand on se souvient des merveilles qu'Edison a produites, il ne semblerait pas du tout improbable qu'il puisse encore ajouter celle-ci à ses nombreuses autres. »

Cependant, le cinéma parlant n'a fait ses véritables débuts qu'au bout de trois décennies.

Le *New York Tribune* du dimanche 3 mai 1896 déclarait : « Le Vitascope d'Edison a connu un succès décisif au Music Hall de Koster & Bial. Demain soir toutes les photos seront en couleurs. Le Vitascope, avec Albert Chevalier, séduit un large public.

Raff & Gammon avait désormais quelque chose qui pouvait être vendu facilement ; le Vitascope a été bien accueilli partout. Quatre-vingts projecteurs de conception Armat ont été livrés par la société Edison d'avril à novembre 1896. Et Edison a recommencé à travailler sur son propre « Kinétoscope de projection », indépendamment d'Armat.

Une brochure publicitaire pour le Vitascope racontait l'histoire de cette façon :

Il y a plusieurs années , M. Edison a eu l'idée de projeter des figures et des scènes en mouvement sur une toile ou un écran, devant un public.

En raison de la pression de son vaste activité, il ne pouvait pas à l'époque développer pleinement ses idées inventives. Cependant, il fit travailler ses experts sur une machine capable de reproduire des images animées à petite échelle, et le Kinétoscope fut le résultat.

Après avoir perfectionné le kinétoscope, M. Edison s'est concentré sur son projet initial d'inventer une machine capable de montrer des personnages et des scènes en mouvement, grandeur nature, devant un large public. Ses idées prirent bientôt une forme pratique et dès l'été dernier, un résultat très honorable fut obtenu ; mais M. Edison n'était pas disposé à donner son approbation sans réserve avant que le plus grand succès possible n'ait été obtenu. Depuis lors, les experts de M. Edison ont mis ses idées et suggestions à l'épreuve et à l'exécution pratiques et, en outre, certaines des idées originales et du talent inventif de M. Thomas Armat (l'inventeur montant de Washington, D.C.) ont été incarnées. dans le Vitascope ; le résultat final est qu'aujourd'hui on peut presque dire que l'impossible a été accompli et qu'une machine a été construite qui transforme les images mortes en réalités vivantes et mouvantes.

Sur la dernière page de la brochure publicitaire du Vitascope, il était affirmé que les droits étaient contrôlés pour le monde entier. Si cela avait été vrai, la firme Edison aurait récolté une fortune incalculable. Mais à cette époque, de nombreuses machines de projection et caméras de divers fabricants étaient utilisées dans de nombreux pays.

Des ombres magiques – des reproductions vivantes des gens et du monde – avaient enfin atteint l'écran.

*   *   *   *   *

Mais il restait encore un pas long et important à franchir pour parvenir à la véritable fidélité des images vivantes. Le son devait être ajouté à la vue. Ainsi, trente ans plus tard, l'histoire de l'ombre magique a été écrite, cette fois au théâtre Winter Garden de New York, le 6 octobre 1927. L'événement était la première de « The Jazz Singer », mettant en vedette Al Jolson et présentant le Vitaphone. système de films parlants. Cet enrichissement des facultés des ombres magiques est le fruit de l'entreprise des frères Warner – Harry, Sam, Albert et Jack – et des réalisations technologiques du Dr Lee DeForest , de Theodore Case, de Charles A. Hoxie et des autres qui ont donné naissance à l'écran. sa voix.

LOUIS LUMIERE, inventeur de la caméra et du système de projection Cinématographe
.

Cambridge Instrument Co.

ROBERT W. PAUL, *facteur d'instruments, a construit des caméras et des projecteurs en Angleterre.*

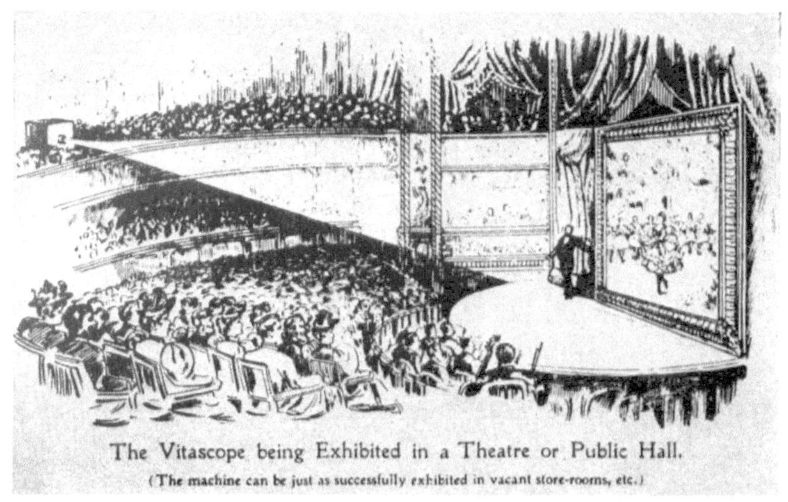

Le Vitascope exposé dans un théâtre ou une salle publique.

(La machine peut être exposée avec tout autant de succès dans des magasins vacants, etc.)

Brochure Vitascope, 1896

VITASCOPE, fabriqué par Edison, conçu par Armat, tel qu'un artiste l'a vu en action, dessiné pour le premier livret de promotion publicitaire, New York en 1896.

De manière générale, l'industrie cinématographique était sceptique quant aux films parlants et à leur avenir. Mais bientôt l'opinion publique s'est montrée catégorique et l'ajout du son a été accepté comme une faculté indispensable du médium qu'est l'écran. Et maintenant, enfin, l'ancien et persistant besoin de véritables images vivantes était satisfait.

*   *   *   *   *

Ainsi , le cinéma, comme bien d'autres réalisations du cœur, de la main et de l'esprit humains, nous est parvenu comme le résultat d'efforts incalculables de la part de nombreuses personnes. Ce grand bienfait pour l'humanité du monde entier est la réalisation des aspirations de beaucoup de ceux qui ont travaillé sans relâche et tout au long des siècles: Archimède, Aristote, Alhazen, Roger Bacon, Léonard de Vinci, Porta, Athanasius Kircher, Musschenbroek, Paris, Plateau , Uchatius , Langenheim, Marey, Muybridge, Edison et autres. C'est la création d'hommes de plusieurs siècles et de nombreuses nations et de ces diversités de temps et de personnes, elle a acquis son incroyable pouvoir, son attrait universel.

LA FIN

Annexe I
MAGIC SHADOWS
Une chronologie descriptive

AVANT JC.

?   Première aspiration de l'artiste à recréer la vie et le mouvement du monde naturel.

6000
à 1500   Les Babyloniens et les Égyptiens acquièrent les premières connaissances scientifiques sur la science de l'art de la lumière et de l'ombre. Des loupes grossières sont fabriquées. La lumière et l'ombre sont utilisées à des fins de divertissement et de tromperie.

Les jeux d'ombres chinois utilisent des silhouettes projetées sur un écran de fumée.

Les miroirs japonais et anglais sont des dispositifs permettant de refléter d'étranges illusions d'optique.

340   Aristote donne une impulsion à toutes les études. Première expérience d'ombre magique enregistrée : « le trou carré et le soleil rond ».

Euclide démontre que la lumière se déplace en lignes droites, élément fondamental de toute projection et photographie.

225   Archimède conçoit les fameuses « Lunettes brûlantes » pour détruire les navires ennemis, ce qui peut ou non avoir joué un rôle dans la défense de Syracuse.

60   Lucrèce, le poète romain, écrit *De Rerum Natura* , « De la nature des choses », combinant vers, philosophie et un peu de science. L'ouvrage contient une référence interprétée à tort comme une description d'un spectacle de lanternes magiques.

ANNONCE.

50   Pline et Sénèque font progresser les connaissances scientifiques. L'effet de l'atmosphère sur l'argent est noté par

Pline. Sénèque écrit sur la persistance de la sensation de vision.

79 Pompéi et Herculanum sont détruites par l'éruption du Vésuve. Les fouilles ont permis de retrouver une lentille et un système de bruitage probablement utilisés par les prêtres pour tromper la population.

130 Ptolémée écrit l' *Almageste* qui fut l'ouvrage de référence sur l'optique pendant des siècles. Les sujets traités comprenaient la persistance de la vision, les lois de la réflexion et les études de la réfraction.

170 Galen, l'une des premières autorités médicales, considère les problèmes de vision, fondamentaux dans l'application scientifique de la lumière pour créer l'illusion du mouvement.

510 Boèce essaie de mesurer la vitesse de la lumière. Les accusations de trahison et de magie aboutissent à sa décapitation en 525 sur ordre de son ancien patron, le roi Théodoric, dictateur Ostrogoth d'Italie.

750 Geber, alchimiste arabe, note l'effet de la lumière sur le nitrate d'argent, base de la photographie.

870 Alkindi , un Arabe, fait progresser l'apprentissage scientifique, notamment en travaillant dans les domaines de l'astronomie et de la navigation.

1010 Alhazen, le plus grand des scientifiques arabes en optique, fait progresser la science artistique des ombres magiques et succède à Ptolémée en tant qu'autorité standard.

1020 Avicenne, un autre Arabe, étudie les mouvements de l'œil en vision.

1175 Averroès , célèbre philosophe arabe, étudie la vision et le mouvement oculaire.

1267 Roger Bacon, frère anglais, décrit l'utilisation de miroirs et de lentilles et attaque les nécromanciens qui utilisent de tels appareils pour tromper les gens.

| 1270 | Witelo , un Polonais appelé Thuringopolonus , écrit sur toutes les phases de l'optique et, avec Bacon, domine les expériences dans ce domaine depuis des générations. |

| 1275 | Saint Albert le Grand, érudit dominicain et professeur de Saint Thomas d'Aquin, s'intéresse particulièrement à l'arc-en-ciel et attribue à la lumière une vitesse limitée mais très grande. |

| 1279 | souligne dans sa *Perspectiva Communis que les rayons du soleil peuvent être montrés à n'importe quel endroit souhaité, indiquant une connaissance de la « chambre noire »*. |

| 1300 | Les lunettes sont introduites en Italie. |

| 1438 | Gutenberg développe l'imprimerie à caractères mobiles qui accélère l'échange de toutes les connaissances, contribuant ainsi à l'intérêt croissant pour tous les problèmes d'ombre et de lumière. |

| 1450 | Leone Battista Alberti, religieux et architecte italien, conçoit la *camera lucida* , un dispositif d'ombre et de lumière semblable à un grand appareil photo en forme de boîte, destiné aux artistes pour la copie, le dessin et la nature. |

| 1464 | Nicolas de Cues écrit le premier livre sur les lunettes. |

| 1500 | Léonard de Vinci établit la première description précise de la *camera obscura portable ou « chambre noire »* et montre sa relation avec l'œil humain. |

| 1520 | Francesco Maurolico , mathématicien et astronome de Messine, développe les principes scientifiques mais non expérimentaux de la lumière réfléchie par les miroirs et l'utilisation de théâtres de lumière. L'année suivante, il décrit la construction d'un microscope composé. |

| 1521 | Cesare Cesariano , architecte et écrivain sur l'art, affirme dans son introduction à une nouvelle édition de Vitruve qu'un moine bénédictin, Don Papnutio ou Panuce , a construit une *chambre obscure satisfaisante* . Les détails de la construction sont donnés pour la première fois dans un ouvrage publié. |

1540   Erasmus Reinhold utilise une *camera obscura* pour observer une éclipse de soleil à Wittenberg. Les astronomes de l'Antiquité avaient trouvé impossible d'observer une éclipse à moins qu'il n'y ait des nuages dans le ciel ou que le soleil ne soit près de l'horizon pour réduire la lumière.

1550   Girolamo Cardano, médecin et mathématicien italien, décrit comment la boîte *camera obscura* peut être utilisée à des fins de divertissement.

1558   Giovanni Battista della Porta de Naples écrit qu'il a fabriqué de nombreux dispositifs d'ombre et de lumière et mérite le titre de « showman du premier écran ».

1568   Mgr Daniello Barbaro présente l'objectif de projection dans la *camera obscura* .

1585   Giovanni Battista Benedetti, patricien de Venise, publie la première description complète et claire de la *camera obscura* ou caméra-boîte équipée d'un objectif.

1589   Le livre de Porta, *Natural Magic* , réimprimé avec une nouvelle section sur l'utilisation de la *camera obscura* à des fins de divertissement.

1604   Johannes Kepler explique l'utilisation du dispositif « chambre noire » pour les travaux astronomiques.

1612   Christopher Scheiner, un prêtre allemand, utilise cet appareil pour étudier les taches solaires.

1613   François d'Aguilon , un autre prêtre, stimule l'étude de toutes les branches de l'optique et est le premier à inventer le nom de « stéréoscopique ».

1620   Sir Henry Wotton, diplomate et auteur, donne l'une des premières descriptions en anglais de la *camera obscura* à des fins de dessin. Il décrit une caméra de tente portable.

1626   Willebrord Snell promulgue sa « loi » sur les angles de réflexion et de réfraction, données essentielles pour le meulage et le polissage des lentilles et autres phases de l'optique avancée.

1644
ou 1645

Athanasius Kircher invente la lanterne magique à Rome. C'est le premier projecteur d'ombres magiques.

1646

Le livre de Kircher, *Ars Magna Lucis et Umbrae* , « Le grand art de la lumière et de l'ombre », est publié.

1652

Jean Pierre Niceron montre comment des figures irrégulières peuvent être transformées en figures simples grâce à un système de lentilles de projection à miroir.

1658

Gaspar Schott développe la lanterne à projection de Kircher dans ses *Merveilles de la nature et de l'art universels* .

1665

Walgenstein , un Danois, expose une lanterne magique de type Kircher en France et ailleurs.

1669

Robert Boyle renforce l'intérêt pour les ombres magiques avec une description d'une « pièce sombre portable » dans ses *Qualités systématiques ou cosmiques des choses* .

1671

Ars Magna Lucis et Umbrae de Kircher est publiée avec un traitement élargi de la lanterne magique et des instructions spécifiques sur la façon dont elle peut être utilisée à des fins de divertissement et d'instruction.

1674

Claude Milliet de Chales, un Français, décrit l'utilisation d'un système de lentilles de projection amélioré pour la lanterne magique.

1680

Robert Hooke développe sa *camera lucida* en Angleterre. Son plan fut suggéré en 1668, mais en 1680 il fut amélioré et montra des images dans une pièce qui n'était que partiellement obscurcie.

1685

Johann Zahn développe la lanterne de Kircher à son état le plus élevé avant l'introduction de sources lumineuses améliorées à l'électricité ou au gaz au 19e siècle.

1692	William Molyneux, de Dublin, dans son *Dioptrica Nova* , présente la lanterne magique améliorée, scientifiquement décrite, dans les îles britanniques.
1704	John Harris, écrivain divin et scientifique, décrit un meilleur appareil photo équipé d'une « boule scioptique » ou d'un globe de bois perforé qui pouvait être tourné dans différentes directions pour montrer diverses vues.
1711	Gravesande de Willem Jakob Van, un Néerlandais, discute de projection et est crédité d'avoir inventé l'héliostat qui a permis aux scientifiques d'utiliser la lumière du soleil dans les travaux de projection, ainsi qu'en astronomie.
1727	Publication du *Dictionnaire révisé Universel* de l'abbé Antoine Furetière édité par M. Brutel de la Rivière — avec une description de la lanterne magique répand l'usage du projecteur en France.
	Johann Heinrich Schultze, professeur allemand d'éloquence et d'antiquités, observe que la lumière a un effet sur une bouteille de solution de craie et de nitrate d'argent. Il explique comment d'autres peuvent reproduire ses effets en concentrant les rayons du soleil sur une bouteille de solution au moyen d'un verre allumé.
1736	Pieter van Musschenbroek introduit le « mouvement » dans la lanterne magique en utilisant un système de glissières multiples et un moyen mécanique de secouer l'une des lames de verre.
1747	Leonhard Euler, mathématicien suisse, décrit un appareil photo destiné à l'impératrice Catherine de Russie.
1752	Benjamin Franklin, scientifique américain pionnier, écrit : « Je dois admettre que je suis très dans l'ignorance en ce qui concerne la lumière. »
1753	Trois types différents d'appareils photo en modèles fixes et portables sont décrits dans la célèbre *Encyclopédie française* .

1760   Le « Top tourbillonnant » de l'abbé Nollet, un jouet qui montre l'illusion du mouvement de manière saisissante, est un jouet pour enfants populaire à Paris.

1772   François Séraphin, magicien, est reconnu pour avoir introduit l'art des jeux d'ombres en France.

1777   Carl William Scheele, un chimiste suédois, discute de l'action de la lumière sur le chlorure d'argent.

1780   Jacques Alexandre César Charles, travaillant sous le patronage de Louis XVI au Louvre, invente le Magascope ou microscope à projection. Il s'agissait d'un développement d'un appareil antérieur dont il disposait pour projeter sur un écran des images de personnes vivantes.

1790   Pierre L. Guinard, verrier suisse, apporte des améliorations aux procédés de meulage et de polissage du verre optique.

1798   Etienne Gaspard Robertson ressuscite les « fantômes » de la Révolution française avec ses spectacles Phantasmagoria, mettant en scène une lanterne magique montée sur roulettes et un écran de fumée.

1802   Tom Wedgwood répète les expériences de Schultze et Scheele et annonce un procédé de copie de peintures sur verre et de réalisation de profils par l'action de la lumière sur le nitrate d'argent.

1807   Le Dr William Hyde Wollaston invente un nouveau modèle de *camera lucida* .

1814   Joseph Nicéphore Niepce commence un travail sur la photographie.

1815   David Brewster, scientifique écossais, invente le Kaléidoscope, un appareil optique qui crée des motifs colorés.

1820
à 1825   Des scientifiques anglais et français étudient les phénomènes optiques résultant de la rotation des roues.

| 1820 | « J. M.", scientifique anglais anonyme, commente le phénomène des roues dans l'English *Quarterly Journal* , stimulant l'étude d'un facteur fondamental dans la photographie et la projection de films. |

| 1824 | Peter Mark Roget, du célèbre *Thesaurus* , discute des phénomènes de roue et donne une explication – un des premiers récits scientifiques de la « persistance de la vision » concernant les objets en mouvement. |

| 1825 | William Ritchie, recteur de la Tain Academy, en Angleterre, développe une lanterne améliorée pour la projection « fantôme » à l'aide d'une source lumineuse à gaz. |

| 1826 | Le Thaumatrope de John Ayrton Paris, ou petit disque avec une partie de la scène complète d'un côté et une partie de l'autre, devient un jouet scientifique. (Charles Babbage, scientifique et mathématicien anglais, revendique une invention antérieure dans le même sens. L'invention du Thaumatrope a également été attribuée à Sir John Herschel, au Dr William Fitton et au Dr William Hyde Wollaston.) |

| 1827 | Les héliotypes de Niepce, qui étaient des silhouettes photographiques obtenues après six ou douze heures d' exposition, sont exposés à Londres. |

| 1827 | Sir Charles Wheatstone invente le Kaléidophone , ou Kaléidoscope Phonétique, pour illustrer « d'amusants phénomènes acoustiques et optiques ». |

| 1828 | Joseph Antoine Ferdinand Plateau, un Belge, fabrique la première machine cinématographique, un appareil qui transforme un dessin déformé en un dessin correct et naturel. |

| 1829 | Niepce et Louis Jacques Mandé Daguerre, peintre et showman, s'associent pour le développement de la photographie. |

| 1830 | Michael Faraday étudie les roues, les rayons, le mouvement et les effets du mouvement sur l'œil humain. |

| 1832 | Plateau et Simon Ritter von Stampfer, autrichiens, présentent indépendamment les disques magiques qui montrent un mouvement réel. Ces rouets aux séries de dessins sont appelés Fantascope , Phénakisticope ou Stroboscope. |

1834 — William George Horner en Angleterre conçoit un modèle amélioré des disques magiques en disposant les motifs sur une roue horizontale plutôt que verticale. Cela permettait à plusieurs personnes, au lieu d'une seule, de voir le mouvement en même temps.

Ebenezer Strong Snell, professeur à Amherst, introduit les disques d'images aux États-Unis.

1835 — William Henry Fox Talbot commence ses investigations photographiques.

1838 — Wheatstone invente le stéréoscope qui donne l'illusion de profondeur en présentant aux deux yeux deux images légèrement différentes.

L'abbé François Napoléon Marie Moigno , en France, utilise des lanternes magiques fabriquées par François Soleil, opticien parisien et beau-père de Jules Duboscq , pour illustrer des réactions chimiques.

1839 — Talbot en Angleterre et Daguerre en France annoncent des systèmes photographiques pratiques qui permettent d'enregistrer en permanence les images séculaires de la « chambre noire » ou *camera obscura* . Hippolyte Bayard expérimente les tirages photographiques sur papier.

1845 — Johann Müller en Allemagne utilise les disques Fantascope pour étudier le mouvement ondulatoire de la lumière. Un travail similaire est effectué par d'autres.

1848 — E. M. Clarke présente, à la London Polytechnic Institution, une bonne lanterne magique équipée d'une lampe à oxygène-hydrogène. Il publie une brochure sur la projection de lanternes intitulée « Directions pour l'utilisation de l'appareil philosophique dans la recherche privée et l'exposition publique ».

1849	Brewster présente une caméra binoculaire pour photographier des images stéréoscopiques. Il est copié à Paris par M. Quinet, photographe, qui l'appelle le Quinétoscope .
1850	Frédéric et William Langenheim, de Philadelphie, font breveter le Hyalotype , un procédé permettant de réaliser des positifs sur des lames de verre adaptées à une utilisation dans la lanterne magique. Cela permet de combiner la photographie et les disques Plateau-Stampfer. Wheatstone présente à Paris un stéréoscope amélioré qui utilise des photos spécialement réalisées à cet effet.
1852	Des photographies au lieu de dessins sont utilisées dans les disques magiques par un certain nombre de scientifiques et de photographes, dont Wheatstone, Jules Duboscq à Paris, Antoine François Jean Claudet. L'équipement photographique imparfait ainsi que les limites des disques individuels ont donné lieu à des images animées peu naturelles.
1853	Franz von Uchatius , un officier de l'armée autrichienne, développe un projecteur de films qui combine les disques Plateau-Stampfer et la lanterne magique de Kircher.
1854	Le Français Sequin obtient un brevet sur un projecteur amélioré.
1860 à 1865	Claudet, Duboscq , Shaw et d'autres expérimentent le disque magique et le stéréoscope dans le but de combiner l'illusion du mouvement et l'illusion de la profondeur.
1860	Thomas Hooman Dumont dessine sur papier une caméra de cinéma. D'autres tentatives sont également faites mais l'appareil n'est pas encore prêt. Pierre Hubert Desvignes obtient un brevet français sur un système qui suggère l'utilisation d'une bande sans fin et un appareil pour regarder des vues stéréoscopiques et de petits

objets en mouvement. Il a également utilisé des modèles au lieu de dessins ou de photographies dans ses efforts pour capturer le mouvement.

1861   William Thomas Shaw annonce le Stereostrope qui montait huit images stéréoscopiques sur un tambour octogonal. Ceux-ci ont été visualisés dans un stéréoscope de Wheatstone ordinaire. « L'effet de solidarité se surajoute pour que l'objet soit perçu comme en mouvement et avec une apparence de relief comme dans la nature. »

Coleman Sellers aux États-Unis fait breveter le cinématoscope qui est un jouet utilisant une action de roue à aubes pour montrer des films « posés ».

1864   Louis Ducos du Hauron fait breveter un système de photographie-projection de films, mais il n'existe pas de matériel adéquat disponible pour le rendre pratique.

1865   James Laing annonce le Motorscope , un autre appareil solide et mouvement semblable à celui de Shaw.

À cette époque, les appareils suivants montrèrent également des appareils similaires : Léon Foucauld , astronome français, le Stereofantascope ou Bioscope ; Cook et Bonelli, le Photobioscope ; Humbert de Moland, Reville, Almeida, Seely et Lee.

A. Molteni, opticien à Paris, invente le Choréutoscope Tournant qui utilise un mouvement en croix de Malte, type qui a eu une importance considérable dans le développement du mouvement intermittent des projecteurs.

1866   Lionel Smith Beale, spécialiste de l'utilisation du microscope, perfectionne la roue tournante de Molteni.

1868   John Wesley Hyatt de New York invente le celluloïd en cherchant un substitut à l'ivoire pour les boules de billard. (Avant cette époque, Alexander Parkes, en Angleterre, travaillait sur un produit quelque peu similaire au celluloïd, mais le processus était différent.)

Langlois et Angiers font breveter un thaumatrope amélioré qui utilise des vues au microscope vues à travers un système de lentilles.

Linnett développe le kinéographe ou petit livre qui, lorsqu'on le feuillette rapidement, fait clignoter des images successives devant l'œil, créant une illusion de mouvement.

1869   O. B. Brown obtient le premier brevet américain sur un projecteur : il s'agit du vieux modèle familier d' Uchatius et utilise des dessins dessinés à la main. James Clerk Maxwell, célèbre pour son travail sur la couleur et l'électricité, développe ce qui est considéré comme le parfait zootrope ou roue de la vie en substituant des lentilles concaves aux fentes afin d'éliminer la distorsion. Des figures dessinées à la main étaient projetées dans un système similaire.

1870   Henry Renno Heyl, de Philadelphie ; Bourbouze , scientifique français ; Sequin, imprimeur et artiste, et d'autres combinent des films « posés » avec la lanterne magique afin que des images animées vacillantes, brèves et imparfaites apparaissent sur l'écran. Bourbouze utilise des images de la Sorbonne Université pour montrer les actions des pistons, des machines à vapeur et à air.

1872   Eadweard Muybridge ou Edward James Muggeridge et d'autres progressent sur la voie de la photographie d'images fixes successives d'objets en mouvement.

Lionel Smith Beale, en Angleterre, désespère d'obtenir suffisamment de lumière par les méthodes ordinaires. Il découpe donc ses images sur un mince bord en laiton et utilise un mouvement intermittent et un obturateur primitifs en projection. L'appareil s'appelait le Choréutoscope .

1874   Pierre Jules César Janssen, astronome français, met au point le revolver photographique, un appareil photo à film fixe, pour photographier le transit de Vénus au Japon.

1875   Caspar W. Briggs, successeur des Langenheim à Philadelphie, sort un projecteur.

1877   Thomas A. Edison invente le phonographe parlant. Wordsworth Donisthorpe , un avocat anglais, suggère le Kinésigraphe pour combiner les effets du phonographe et de la lanterne magique.

Charles Emile Reynaud met au point le Praxinoscope, un ingénieux agencement des disques magiques du Plateau-Stampfer, à l'aide d'un miroir placé au centre.

1878   Muybridge et John D. Isaacs, un ingénieur, obtiennent un succès photographique grâce à une « batterie » d'appareils photo branchés pour prendre des photos successives d'objets en mouvement. Etienne Jules Marey, physiologiste, à Paris analyse les films réalisés par le système Muybridge-Isaacs au moyen des disques magiques.

1879   Reynaud élabore une maquette de projection de son Praxinoscope.

1881   Jean Meissonier, peintre français, utilise un disque magique avec des photos pour analyser le mouvement et l'assister dans son travail.

1882   Muybridge, guidé par Marey à Paris, monte ses photographies sur une lanterne magique Uchatius et de véritables films sont brièvement projetés sur l'écran devant un public avec le Zoopraxiscope.

Reynaud possède un projecteur appelé Lamposcope , comme tous les premiers projecteurs, limité à montrer une scène composée d'un ensemble d'images fixes montées sur le bord d'un disque.

1884   George Eastman commence à Rochester, New York, la fabrication de films en rouleau destinés à être utilisés dans son appareil photo Kodak.

1887   Hannibal Williston Goodwin, un ministre épiscopalien, obtient un brevet sur une pellicule photographique décrite comme transparente, sensible et semblable au celluloïd. Ses efforts sont venus après s'être intéressé à la photographie grâce aux divertissements de lanternes magiques qu'il organisait pour sa congrégation. Ses brevets ont finalement conduit à l'activité d'Anthony & Scoville, maintenant connue sous le nom d'Ansco.

Marey, en France, obtient son premier succès avec son système chronophotographique ou cinématographique utilisant des bandes de film en papier couché.

Edison commence des expériences visant à produire un appareil qui ferait pour la vue ce que le phonographe avait fait pour le son : c'est-à-dire . par exemple, les films cinématographiques ; et un appareil qui combinerait les deux - i . e., un système de cinéma sonore.

1888	John Carbutt réussit dans ses efforts, commencés plusieurs années auparavant, pour traiter avec des produits chimiques photographiques de longues bandes de celluloïd obtenues auprès de la société Hyatt.

Eastman poursuit son travail qui a conduit au succès du cinéma.

Louis Aimé Augustin Le Prince fait breveter un système caméra-projecteur à objectifs multiples qui n'a cependant jamais donné de résultats satisfaisants.

1889   Ottomar Anschütz stimule l'intérêt pour le cinéma avec son tachyscope électrique, un bon appareil de visualisation d'une série d'images éclairées successivement par un tube Geissler. Cet appareil est à l'origine de la photographie stroboscopique moderne.

Edison et Kennedy Laurie Dickson, son assistante pour la recherche cinématographique, poursuivent leurs investigations. Le stock de films est commandé à Eastman. Les premiers succès sont revendiqués. A Paris, Marey montre à Edison un disque magique équipé de photos et éclairé par des flashs électriques.

Eastman dépose, le 10 décembre 1889, un brevet sur « la fabrication de films photographiques flexibles ». Le brevet n'a été délivré qu'en 1898 et une longue bataille juridique s'est ensuivie avec la succession Goodwin jusqu'à ce qu'un compromis soit trouvé.

1889 à 1894	Les recherches d'Edison visant à produire une caméra et un projecteur de cinéma se poursuivent.

1889   Wordsworth Donisthorpe et Croft obtiennent les premiers véritables brevets cinématographiques en Angleterre mais n'ont jamais eu suffisamment de soutien financier pour perfectionner le système ou même créer un modèle efficace.

1890   John Arthur Roebuck Rudge, William Friese Greene et Mortimer Evans, en Angleterre, construisent un projecteur à mouvement simple et limité.

1891   La caméra kinétographe et l'appareil de visualisation kinétoscope d'Edison sont terminés et la demande de brevet est déposée. Le brevet n'a pas été délivré pendant deux ans.

1892   Reynaud dirige le Théâtre Optique à Paris, la première salle de cinéma utilisant des images dessinées à la main et non photographiées.

1893   Marey développe un projecteur de films qui utilise le soleil comme source de lumière.

Greene brevète un système de caméra et de projecteur dont la portée est limitée.

1894   Les kinétoscopes Edison peep-show seront exposés le 14 avril au 1155 Broadway, à New York, et plus tard cette année-là sur Oxford Street, à Londres et à Paris. Ces démonstrations ont influencé un certain nombre de scientifiques et de photographes qui ont finalement résolu le problème de la projection sur écran de films en continu.

Anschütz fait breveter un premier modèle de projection en France.

Demeny utilise un système de caméra et de projecteur quelque peu similaire à celui développé sous Marey.

| 1895 | Projection réussie de films sur écran réalisée par Louis et Auguste Lumière avec le Cinématographe , en France ; de Robert W. Paul avec les films réalisés par Birt Acres au Bioscope, en Angleterre ; par Thomas Armat, C. Francis Jenkins, les Latham et d'autres aux États-Unis. |

| 1896 | La projection de films sur écran devient une réalité commerciale et l'art de l'ombre magique est en passe de devenir le plus grand moyen de divertissement jamais connu. À New York, la première a lieu au Koster & Bial's Music Hall, Herald Square, New York, dans la soirée du 23 avril 1896. |

En plus de ceux cités, les suivants, parmi tant d'autres, travaillaient également sur la projection sur écran au cours de la période de succès 1895-1896-1897 : Georges Méliès, qui a introduit l'esprit de la Fantasmagorie dans le cinéma moderne ; Max Skladanowski , qui revendique un spectacle de projection au Wintergarten de Düsseldorf à l'automne 1896 ; Owen A. Eames, de Boston ; Edwin Hill Amet, de Chicago ; Henri Joly, W. C. Hughes, Cecil M. Hopwood, Carpentier, Drumont , Werner, Gossart , Auguste Baron, Grey, Proszynski , Bets, Pierre Victor Continsouza , Raoul Grimoin -Sanson ; Perret et Lacroix; Ambroise Francis Parnaland , Sallé et Mazo; Pipon ; Zion, Avias & Hoffman, Brun, Gauthier, Mendel, Messager, Cheri-Rousseau, Mortier, Wattson, Maguire & Baucus, Phillip Wolff, F. Brown, F. Howard, Ottway, Rowe, Dom-Martin, Appleton, Baxter & Wray , Riley, Prestwich, Newman & Guardia, Rider de Bedts , Noakes & Norman, Clement & Gilmer, etc., etc.

Ainsi, la chronologie des ombres magiques, ou l'origine du cinéma, se termine par une liste de noms d'hommes de nombreuses nations, un point illustrant à la fois l'attrait universel du cinéma et la longue et diversifiée collection d'individus qui ont contribué au développement de l'art-science.

Annexe II
BIBLIOGRAPHIE
et remerciements

La recherche de l'histoire de l'origine du cinéma s'est poursuivie par intermittence depuis l'hiver 1936-1937. Comme doivent l'être les livres historiques, ils reposent principalement sur des documents écrits. Des efforts ont été déployés, dans la mesure du possible, pour accéder directement au matériel source. L'ensemble des livres sur le cinéma, ainsi que les ouvrages biographiques et scientifiques classiques, ont été étudiés.

Les recherches ont été menées principalement dans les bibliothèques suivantes : Bibliothèque du Congrès, Université de Georgetown, Surgeon General's, à Washington, D.C., New York Public et Columbia University à New York. Des travaux ont également été réalisés à l'Academy of Motion Picture Arts and Sciences d'Hollywood ; Sociétés d'ingénierie de New York, British Museum, Londres ; Trinity College, Dublin, et Vittorio Emanuele, anciennement Collegio Romano, bibliothèque, Rome. Une partie du musée Kircher d'origine à Rome a été inspectée au cours de l'été 1939. (Les premiers modèles de projecteurs, selon les preuves actuellement disponibles, ont été détruits peu de temps après la mort de Kircher.) L'exposition des œuvres de Léonard de Vinci à Milan en 1939 a été a visité.

Terry Ramsaye , auteur de *A Million and One Nights – A History of the Motion Picture* et rédacteur en chef du *Motion Picture Herald* , est chargé de suggérer des pistes d'étude qui ont conduit à la décision d'écrire ce livre. En outre, il a fourni des conseils et une aide précieux, en particulier en ce qui concerne les premiers pionniers du cinéma américain, ainsi que dans la lecture du manuscrit et la contribution à l'avant-propos.

Des remerciements particuliers sont dus aux membres du corps professoral de l'Université de Georgetown pour avoir mis à disposition des ouvrages dans la bibliothèque commémorative Riggs de cette institution et pour leur aide sur des aspects particuliers du sujet. L'auteur est également reconnaissant d'avoir eu l'occasion de consulter des livres de la splendide collection photographique Epstein de la bibliothèque de l'Université de Columbia, ainsi que des notes biographiques sur Robert W. Paul obtenues par l'intermédiaire de la Cambridge Instrument Company. Notre gratitude est exprimée au révérend Hunter Guthrie, SJ, doyen de la Graduate School de l'Université de Georgetown, et au Dr Alfred N. Goldsmith, ingénieur-conseil, pour leur gentillesse en lisant les épreuves et en offrant de précieuses suggestions.

BIBLIOGRAPHIE

Ce qui suit est une liste de livres, classés selon les chapitres de cette histoire, qui peuvent servir à révéler une partie particulière du sujet aux lecteurs qui souhaitent faire une étude détaillée. En général, les articles des divers périodiques donnent la première publication, et souvent la plus complète, de chaque développement. Cette liste ne représente qu'un nombre limité des ouvrages et publications consultés, mais les principaux titres sont repris :

GÉNÉRAL

TERRY RAMSAYE . *Un million et une nuits.*

New-York, 1926.

Une histoire standard du cinéma et une source spéciale de matériel sur Edison, Muybridge, Armat, Latham et d'autres premiers expérimentateurs américains.

JOSEPH ANTOINE FERDINAND PLATEAU. « Bibliographie des principaux phénomènes subjectifs de la vision depuis les temps anciens jusqu'à la fin du XVIII siècle », *Mémoires* . Académie Royale des Sciences, des Lettres et des Beaux Arts de Belgique. Bruxelles, 1877-1878. Une liste la plus complète et annotée d'ouvrages sur la vision.

LYNN THORNDIKE. *Histoire de la magie et des sciences expérimentales.*

New York, 1923-1941.

Un ouvrage de référence monumental qui intéresse particulièrement les chercheurs.

HENRY V. HOPWOOD. *Images vivantes* : leur histoire, leur photo-reproduction et leur mise en pratique. Londres, 1899.

ROBERT BRUCE FOSTER. *Les images vivantes de Hopwood.*

Londres, 1915.

L'édition originale de ce livre et l'édition révisée comprennent toutes deux une revue générale des premières activités ainsi qu'une précieuse bibliographie de la période de 1825 à 1898.

G.MICHEL COISSAC . *Histoire du Cinématographe* de ses origine jusqu'à non jours . Paris, 1925.

La première moitié de ce livre est un ouvrage historique important, écrit du point de vue français. Une annexe répertorie les brevets cinématographiques français délivrés de 1890 à 1900.

MAJOR-GÉNÉRAL JAMES WATERHOUSE. « Notes sur les débuts de l'histoire de la camera obscura », *Photographic Journal* , Vol. XXV, n° 9.

Londres, 31 mai 1901.

GEORGES POTONNIEE . *Les Origines du Cinématographe* .

Paris, 1928.

WILFRED EL DAY. *Catalogue illustré de la collection historique Will Day de matériel cinématographique et cinématographique.*

Londres.

SIMON HENRY GAGE ET HENRY PHELPS GAGE. *Projection optique.*

Ithaque, New York, 1914.

Ce livre possède une bonne bibliographie historique.

Les périodiques contenant des articles importants comprennent :

Transactions philosophiques. Société royale de Londres. Londres.

Journal. Institution royale de Grande-Bretagne. Londres.

Comptes-rendus . Académie des Sciences (Institut de France). Paris.

Cosmos ; revue des sciences et de leurs applications. (Aussi connu sous le nom de *Les Mondes*). Paris.

La Nature. Paris.

Américain scientifique. New York.

Gazette de l'Office des brevets des États-Unis. Washington DC.

Journal photographique , y compris les transactions de la Royal Photographic Society of Great Britain. Londres.

Journal photographique d'Amérique. Crême Philadelphia.

CHAPITRE I

ARISTOTE.

Problèmes.
Sur les rêves.

EUCLIDE. *Les éléments de géométrie* traduits par H. Billingsley.

Londres, 1570.

La Perspective d'Euclide. Florence, 1573.

LUCRÈCE , *De Rerum Natura.*

PTOLÉMÉE (CLAUDIUS PTOLEMAEUS). *Ptolémée Mathématiques* .

Wittemberg, 1549.

Almageste. Edité par J. Baptiste Ricciolus, S. J. 1651.

ALHAZEN. *Thésaurus Opticae Alhazeni Arabis.*

Bâle, 1572.

CHAPITRE II

ROGER BACON. *Le P. Rogeri Bacon Opéra Quaedam Hactenus Inedita.*

J.S. Brewster. Londres, 1859.

L'Opus Majus de Roger Bacon , édité avec une introduction et un tableau analytique par John Henry Bridges. Oxford, 1897-1900.

Lettre sur la puissance merveilleuse de l'art et de la nature, et sur la nullité de la magie. Traduit du latin par Tenney L. Davis. Easton, Pennsylvanie, 1923.

Une partie de l'Opus Tertium de Roger Bacon, comprenant un fragment maintenant imprimé pour la première fois, édité par A. G. Little. Aberdeen, 1912.

PIERRE MAURICE MARIE DUHEM. *Le Système du monde* , histoire des doctrines cosmologiques de Platon à Copernic. Paris, 1913-1917.

WITELO . *Vitelliionis Turingopoloni Livre X.*

Bâle, 1572.

Vitelliionis Mathématiques Doctissimi Περ ì 'Ο π τιχ ῆ ς . Nuremberg, 1535.

CHAPITRE III

LÉONARD DE SER PIERO DA VINCI. *Un traité de peinture.* Traduit du latin original. Paris, 1651.

La Vie de Léonard de Vinci réalisée en anglais à partir du texte de la deuxième édition des « Vies » (de Giorgio Vasari) avec un commentaire d'Herbert P. Horne. Londres, 1903.

Les œuvres littéraires de Léonard de Vinci , compilées et éditées à partir des manuscrits originaux de Jean Paul Rickter . Londres, 1880-1883.

Essai sur les ouvrages physico-mathématiques de Léonard de Vinci , avec des fragmens tirés de ses manuscrits apportés de l'Italie . Giovanni Battista Venturi. Paris, 1797.

GUILLAUME LIBRI. *Histoire des sciences mathématiques en Italie* , depuis la renaissance des lettres jusqu'à la fin du dix- septième siècle. Paris, 1838-1841.

GIORGIO VASARI. *Vies de soixante-dix des plus éminents peintres, sculpteurs et architectes.* Edité par E. H. et E. W. Blashfield et A. A. Hopkins. New-York, 1896.

FRANCESCO MAUROLICO . *Cosmographie.*

Venise, 1543.

Théorèmes de Lumine, et Umbra, ad Perspectivam & Radiorum Incident Facience .
Leyde, 1613.

GIROLAMO CARDANO. *De Subtiliter* .

Nuremberg, 1550.

Les Livres de Hiérôme Cardanus Médecin Milannois . Richard Le Blanc. Paris, 1556.

CHAPITRE IV

GIOVANNI BATTISTA DELLA PORTA. *Magia Naturalis, sive de Miraculis Rerum
Naturalium* . Naples, 1558. Édition révisée et augmentée.

Naples, 1589.

Magie naturelle. Londres, 1657. (Dans cette traduction anglaise, le nom de
l'auteur reçoit une forme anglaise : John Baptista Porta.)

DANIELLO BARBARO. *La Pratique della Perspective* .

Venise, 1569.

GIOVANNI BATTISTA BENEDETTI. *Diversarum Spéculationum Mathematicarum et
Physicarum Liber.* Turin, 1585.

CHAPITRE V

GEMMA (REINERUS) FRISIUS . *De Radio Astronomico et Geometryo Liber.*

Anvers, 1545.

ERASMUS REINHOLD. Planétarium *Theoricae Novae.* Edité par Georgius

Peurbachius . Paris, 1553.

JOHANNES KEPLER. *Ad Vitellionem Paralipomena.*

Francfort, 1604.

Dioptrice . 1611.

FRANÇOIS D'AGUILON . *Opticarum Libri Sexe.*

Anvers, 1685.

CHAPITRE VI

ATHANASE KIRCHER. *Vita admodum révérend P. Athanasii Kircheri , Société . Jésus
,* vir toto orbe célébratissimus . 1684.

L'autobiographie latine d'Athanasius Kircher, éditée par Jérôme
Langenmantel (Jérôme Ambrosius Langenmantelius).

Ars Magna Lucis et Umbrae. Rome, 1646. Deuxième édition. Amsterdam, 1671.

De nombreux autres livres de Kircher sur de nombreux sujets. Voir la bibliographie de Kircher dans *La Bibliothèque des Ecrivains de la Compagnie de Jésus* , par Augustin et Aloysius de Backer, et *Bibliothèque de la Compagnie de Jésus* par Charles Sommervogel .

GEORGES DE SÉPIBUS VALÉSIUS . *Collèges romani Societatis Jesu Musæum* .

Celeberrimum . Amsterdam, 1678.

Musée Kircherianum à Romano Soc. Jésus Coliegio . Rome, 1707.

CHAPITRE VII

GASPAR SCHOTT. *Magia Universalis Naturæ et Artis.*

Wurtzbourg, 1658-1674.

CLAUDE FRANÇOIS MILLIET DE CHALES. *Cursus seu Mundus Mathematicus* . Lyon, 1690.

JOHANN ZAHN. *Oculus artificiel Télédioptrique sive Telescopium.*

Nuremberg, 1685.

Specula Physico - Mathematico -Historia Notabilium ac Mirabilium Sciendorum . Nuremberg, 1696.

CHAPITRE VIII

PIETER VAN MUSSCHENBROEK . *Physique expérimentales* .

Leyde, 1729 ; Venise, 1756.

Cours de Physique Expérimentale et Mathématique . Paris, 1769.

L'ABBÉ GUYOT. *Nouvelles Récréations Physiques et Mathématiques* .

Paris, 1770.

GUILLAUME HOOPER. *Récréations rationnelles.*

Londres, 1774. Deuxième édition, 1782.

CHAPITRE IX

ETIENNE GASPARD ROBERT (ROBERTSON). *Mémoires Récréatifs , Scientifiques et Anecdotiques du Physicien-Aéronaute* . Paris, 1831-1833.

WILLIAM RITCHIE. «Proposition pour améliorer la fantasmagorie», *Edinburgh Journal.* 1825.

CHAPITRE X

JOHN AYRTON PARIS (publié de manière anonyme) *La philosophie du sport faite de la science pour de bon.* Londres, 1827.

DAVID BREWSTER. *Un traité sur le kaléidoscope.*

Édimbourg, 1819.

Le stéréoscope : son histoire, sa théorie et sa construction, avec son application aux beaux-arts et à l'éducation. Londres, 1856.

JOSEPH PRIESTLY. *L'histoire et l'état actuel des découvertes relatives à la vision, à la lumière et aux couleurs* . Londres, 1772.

CHAPITRE XI

LAMBERT ADOLPHE JACQUES QUETELET , éditeur. *Correspondance Mathématique et Physique.* Bruxelles.

S. STAMPFER. *Livre de poche* Technische Hochschule. Vol. 18, p. 237.

Vienne, 1834.

ES SNELL. «Sur les disques magiques en Amérique», *American Journal of Science and Arts.* (Journal de Silliman). Vol. 27, p. 310. New Haven, 1835.

PETER MARK ROGET. *Physiologie animale et végétale* , considérée en référence à la théologie naturelle. Londres, 1834.

Annales de Chimie et de Physique. Paris.

Bulletin. L'Académie Royale des Sciences, des Lettres et des Beaux Arts. Bruxelles.

Annuaire . L'Académie Royale des Sciences, des Lettres et des Beaux Arts. Bruxelles, 1885.

Annalen der Physik und Chemie . Edité par Johann Christian Poggendorff. Leipzig.

CHAPITRE XII

FRANZ UCHATIUS . «Appareil zur Darstellung beweglicher Bilder an der Wand » (Appareil pour la présentation de films sur un mur). *Sitzungsberichte* . K. Akademie der Wissenschaften . Vienne, 1853.

KARL SPACIL . « Franz Freiherr von Uchatius », *Schweizerische Zeitschrift für Artillerie et Genie.* Vol. XLI, p. 216-223. Frauenfeld , 1905.

CHAPITRE XIII

MARCUS A. RACINE. *L'appareil photo et le crayon* ; ou l'art héliographique, sa théorie et sa pratique. Philadelphie, 1864.

Arts et sciences de Pennsylvanie. Un trimestriel publié par la Pennsylvania Arts and Sciences Society. Vol. 2, p. 25. Philadelphie, 1937.

RICHARD BUCKLEY LITCHFIELD. *Tom Wedgwood : le premier photographe.* Londres, 1903.

GEORGES POTONNIEE . *Histoire de la Découverte de la Photographie .*

Paris, 1925.

L'histoire de la découverte de la photographie. Traduit du français par Edward Epstean . New-York, 1936.

LOUIS JACQUES MANDÉ DAGUERRE. *Historique et Description des Procédés du Daguerréotype et du Diorma .* Paris, 1839.

CHARLES-LOUIS CHEVALIER. *Guide de photographie .*

Paris, 1854.

VICTOR FOUQUÉ . *La vérité sur l'invention de la photographie.*

Nicéphore Niépce ; sa vie, ses lettres et ses œuvres. Traduit par Edward Epstean . New York : Tennant & Ward, 1935.

La Vérité sur l'invention de la Photographie . Nicéphore Niépce, sa vie, ses essais , ses travaux, d'après sa correspondance et autres documents inédits. Paris, 1867.

HENRY RENNO HEYL. « Une contribution à l'histoire de l'art de photographier des sujets vivants en mouvement et de reproduire les mouvements naturels à la lanterne », *Journal.* L'Institut Franklin. Vol. CXV, p. 310. Philadelphie, 1898.

CHAPITRE XIV

ÉTIENNE JULES MAREY. *Le Mouvement .*

Paris, 1894.

Mouvement. Londres et New York, 1895.

La Méthode Graphique dans les sciences expérimentales et principalement fr physiologie et fr médecine . Paris, 1885.

La Chronophotographie , appliquée à l'étude des actes musculaires dans la locomotion.

L'histoire de la chronophotographie . (Un extrait du *rapport Smithsonian* de 1901). Washington, 1902.

EADWEARD MUYBRIDGE. *Journal.* Publié par l'Institut Franklin.

Philadelphie, 1883.

J. D. B. STILLMAN. *Le Cheval en Mouvement*, comme le montre la photographie instantanée. Les photographies de Muybridge publiées sous les auspices de Leland Stanford. Boston, 1882.

GEORGES POTONNIEE . *Louis Ducos du Hauron*, sa vie et son œuvre. Traduit par Edward Epstean de l'édition française de 1914. Réimprimé du *Photo-Engravers Bulletin* . Février et mars. New-York, 1939.

CHAPITRE XV

TERRY RAMSAYE . *Un million et une nuits.*

New-York, 1926.

ANTONIA ET WILLIAM KENNEDY LAURIE DICKSON. «Edison's Invention of the Kineto-phonograph», réimprimé du *Century Magazine* , juin 1894, avec une introduction de Charles Galloway Clarke. Los Angeles, 1939.

DAYTON CLARENCE MILLER. *Histoire anecdotique de la science du son* jusqu'au début du XXe siècle. New York : Macmillan, 1935.

CHAPITRE XVI

MAURICE NOVERRE . *La Vérité sur l'invention de la Projection Animée* . Emile Reynaud, sa Vie, et ses Travaux. Brest, 1926.

GEORGES BRUNEL. *Les Projections Mouvementées* .

Paris, 1897.

EUGÈNE TRUTAT . *Traité Général des Projections.*

Paris, 1897.

La Photographie Animée , avec une préface de J. Marey. Paris, 1899.

GEORGES ÉMILE JOSEPH DÉMENY. *Les Origines du Cinématographe* .

Paris, 1909.

CHAPITRE XVII

RAMSAYE . Lib. cit.

LUCIEN BULL. *La Cinématographie* .

Paris, 1928.